普通高等教育计算机系列规划教材

数据可视化分析

（Excel 2016+Tableau）

吕峻闽　张诗雨　主　编

李　化　龚轩涛
高玲玲　汤来锋　副主编

电子工业出版社

Publishing House of Electronics Industry

北京·BEIJING

内 容 简 介

本书主要介绍数据可视化分析相关的知识，所使用的工具为 Excel 2016、Tableau。本书使用一个模拟企业的案例数据贯穿所有内容，主要介绍了数据分析的概念，以及实现数据可视化的方法。读者通过本书的学习，能够掌握数据分析理论，并能够制作数据可视化分析报告及商业智能仪表盘。

本书既可作为师生学习数据分析的教材，也可供初学数据分析的用户使用。无任何数据分析基础的用户都可无障碍阅读本书，学习数据可视化分析的相关知识。

未经许可，不得以任何方式复制或抄袭本书之部分或全部内容。
版权所有，侵权必究。

图书在版编目（CIP）数据

数据可视化分析：Excel 2016+Tableau /吕峻闽，张诗雨主编. —北京：电子工业出版社，2017.9
普通高等教育计算机系列规划教材
ISBN 978-7-121-32190-0

Ⅰ. ①数… Ⅱ. ①吕… ②张… Ⅲ. ①表处理软件－可视化软件－高等学校－教材 Ⅳ. ①TP391.13

中国版本图书馆 CIP 数据核字（2017）第 161259 号

策划编辑：徐建军（xujj@phei.com.cn）
责任编辑：徐　萍
印　　刷：北京捷迅佳彩印刷有限公司
装　　订：北京捷迅佳彩印刷有限公司
出版发行：电子工业出版社
　　　　　北京市海淀区万寿路 173 信箱　邮编 100036
开　　本：787×1 092　1/16　印张：12.25　字数：294 千字
版　　次：2017 年 9 月第 1 版
印　　次：2019 年 1 月第 4 次印刷
定　　价：35.00 元

凡所购买电子工业出版社图书有缺损问题，请向购买书店调换。若书店售缺，请与本社发行部联系，联系及邮购电话：（010）88254888，88258888。
质量投诉请发邮件至 zlts@phei.com.cn，盗版侵权举报请发邮件至 dbqq@phei.com.cn。
本书咨询联系方式：（010）88254570。

本书编委会成员
（按拼音排序）

陈昌平	陈 婷	陈 婷	陈小宁	高玲玲
龚轩涛	郭 进	何臻祥	黄纯国	靳紫辉
李长松	李 化	刘 强	罗 丹	罗文佳
吕峻闽	马 明	汤来锋	王 强	王书伟
魏雨东	夏钰红	肖 忠	徐鸿雁	杨大友
姚一永	银 梅	袁 勋	张诗雨	

本书编委会成员
（以姓氏笔画为序）

前 言
Preface

大数据开启了一次重大的时代转型,在这个数据呈爆炸式增长的转型社会,无论是管理者、经营者还是政策的制定者,都面临着管理好数据、发现数据中的规律以及从数据中获得价值的问题,也就是说数据分析技能已经成为未来必不可少的工作技能之一。在未来,90%的市场决策和经营决策都应该是通过数据分析来研究确定的。读者通过本书的学习,能够洞悉数据背后的意义,并能够用随手可及的工具进行数据可视化分析,轻松应对时代转型。

本书共分为 7 章,内容包括数据分析的基本概念、数据分析方法、数据的处理、数据展示、数据可视化报告及商业智能仪表板的制作。对于各个知识点的讲解,都配有模拟企业案例,并使用 Excel 2016 来实现。在商业智能仪表板章节扩展了工具,同时使用 Excel 2016 和 Tableau 来实现。

本书的特点为使用模拟企业案例贯穿数据分析理论和概念,模拟企业案例数据涉及人力资源、商品库存、商品销售三方面,并结合相关专业知识进行数据分析及可视化,形成数据可视化分析报告及商业智能仪表板。

读者通过本书的学习,可以具备以下能力:

懂分析——能够掌握数据分析基本原理与一些有效的数据分析方法,并能灵活运用到实践中。

懂工具——能够运用 Excel、Tableau 工具实现数据分析理论,制作数据可视化分析报告及商业智能仪表板。

懂设计——能够运用图表有效表达数据分析的观点,使分析结果一目了然。

本书由吕峻闽、张诗雨任主编,由李化、龚轩涛、高玲玲、汤来锋任副主编并负责编写相应各章节,参加本书编写的还有陈昌平、陈婷、陈小宁、郭进、何臻祥、黄纯国、靳紫辉、李长松、刘强、罗丹、罗文佳、马明、王强、王书伟等。同时,西南财经大学天府学院信息技术教学中心和现代技术中心的各位老师为本书提供了许多帮助,编委会成员为本书的编写也提供了很大的帮助。在此,编者对以上人员致以最诚挚的谢意!

为了方便教师教学，本书配有电子教学课件，请有此需要的教师登录华信教育资源网（www.hxedu.com.cn）注册后免费下载，如有问题可在网站留言板留言或与电子工业出版社联系（E-mail：hxedu@phei.com.cn）。

虽然我们精心组织，努力工作，但错误之处在所难免；同时由于编者水平有限，书中也存在诸多不足之处，恳请广大读者朋友们给予批评和指正，以便在今后的修订中不断改进。

编 者

目 录
Contents

第 1 章 数据分析概述 (1)
- 1.1 何谓数据分析 (1)
  - 1.1.1 数据分析定义概述 (2)
  - 1.1.2 数据分析方法 (4)
- 1.2 数据分析步骤 (4)
  - 1.2.1 明确目的 (4)
  - 1.2.2 收集数据 (5)
  - 1.2.3 处理数据 (5)
  - 1.2.4 分析数据 (6)
  - 1.2.5 撰写报告 (6)
- 1.3 数据分析前景 (6)
  - 1.3.1 数据分析的作用 (6)
  - 1.3.2 数据分析就业前景 (7)
- 习题 (11)

第 2 章 案例背景 (12)
- 2.1 模拟企业背景介绍 (12)
  - 2.1.1 A 企业概况 (12)
  - 2.1.2 A 企业数据来源说明 (12)
- 2.2 模拟企业基础数据 (13)
  - 2.2.1 人力资源方面部分数据描述和说明 (13)
  - 2.2.2 商品库存方面部分数据描述和说明 (14)
  - 2.2.3 商品销售方面部分数据描述和说明 (15)

第 3 章 数据处理 (18)
- 3.1 数据基本概念 (19)
  - 3.1.1 字段与记录 (19)

           3.1.2　数据类型 ……………………………………………………………… (19)
           3.1.3　数据表 …………………………………………………………………… (20)
    3.2　数据来源 ………………………………………………………………………… (26)
    3.3　数据导入 ………………………………………………………………………… (26)
           3.3.1　文本文件数据导入 …………………………………………………… (27)
           3.3.2　网络数据源导入 ……………………………………………………… (30)
    3.4　数据清洗 ………………………………………………………………………… (33)
           3.4.1　重复数据的处理 ……………………………………………………… (33)
           3.4.2　缺失数据的处理 ……………………………………………………… (38)
    3.5　数据加工 ………………………………………………………………………… (41)
           3.5.1　数据抽取 ………………………………………………………………… (41)
           3.5.2　字段合并 ………………………………………………………………… (43)
           3.5.3　字段匹配 ………………………………………………………………… (44)
           3.5.4　数据计算 ………………………………………………………………… (45)
           3.5.5　数据分组 ………………………………………………………………… (48)
           3.5.6　数据转换 ………………………………………………………………… (49)
    3.6　数据抽样 ………………………………………………………………………… (50)
    习题 ……………………………………………………………………………………… (53)
第4章　数据分析方法 ……………………………………………………………………… (54)
    4.1　常用数据分析术语 ……………………………………………………………… (54)
           4.1.1　平均数 …………………………………………………………………… (54)
           4.1.2　绝对数/相对数 ………………………………………………………… (55)
           4.1.3　百分比/百分点 ………………………………………………………… (57)
           4.1.4　频数/频率 ……………………………………………………………… (58)
           4.1.5　比例/比率 ……………………………………………………………… (58)
           4.1.6　倍数/番数 ……………………………………………………………… (59)
           4.1.7　同比/环比 ……………………………………………………………… (60)
    4.2　数据基本分析方法 ……………………………………………………………… (61)
           4.2.1　对比分析法 ……………………………………………………………… (61)
           4.2.2　分组分析法 ……………………………………………………………… (64)
           4.2.3　平均分析法 ……………………………………………………………… (67)
           4.2.4　交叉分析法 ……………………………………………………………… (70)
           4.2.5　漏斗图法 ………………………………………………………………… (72)
           4.2.6　矩阵关联分析法 ………………………………………………………… (74)
    4.3　数据分析工具——数据透视表 ………………………………………………… (77)
           4.3.1　基本概念 ………………………………………………………………… (77)
           4.3.2　创建方法 ………………………………………………………………… (77)

		4.3.3 案例实践	(80)
		4.3.4 实用数据透视表技巧	(86)
习题			(92)

第5章 数据展示 (93)

- 5.1 表格展示 (93)
  - 5.1.1 数据列突出显示 (93)
  - 5.1.2 图标集 (95)
  - 5.1.3 迷你图 (97)
- 5.2 图表展示 (98)
  - 5.2.1 双坐标 (98)
  - 5.2.2 折线图 (102)
  - 5.2.3 柱状图 (106)
  - 5.2.4 饼图 (111)
  - 5.2.5 旋风图 (113)
  - 5.2.6 瀑布图 (116)
  - 5.2.7 数据地图 (118)
  - 5.2.8 折线图与柱状图的组合 (120)
  - 5.2.9 动态图 (123)
- 5.3 图表专业化 (129)
  - 5.3.1 基本要素 (130)
  - 5.3.2 基本配色 (131)
  - 5.3.3 商务图表设计 (134)
- 5.4 拓展运用 (141)
- 习题 (143)

第6章 数据可视化分析报告 (144)

- 6.1 数据分析方法论 (144)
  - 6.1.1 5W2H 分析法 (144)
  - 6.1.2 SWOT 分析法 (146)
  - 6.1.3 4P 营销理论 (147)
  - 6.1.4 用户行为分析理论 (147)
- 6.2 数据可视化分析报告结构 (148)
- 6.3 案例：人力资源数据分析报告 (150)
  - 6.3.1 分析背景与目的 (150)
  - 6.3.2 分析思路 (150)
  - 6.3.3 人力资源数据分析 (150)
  - 6.3.4 分析总结 (157)
- 6.4 案例：A 公司会员分析报告 (157)

  6.4.1 分析背景与目的 ………………………………………………………… (157)
  6.4.2 分析思路 ……………………………………………………………… (158)
  6.4.3 会员客户分析 ………………………………………………………… (158)
  6.4.4 分析总结 ……………………………………………………………… (163)
 6.5 案例：库存管理数据分析报告 ……………………………………………… (163)
  6.5.1 分析背景与目的 ………………………………………………………… (163)
  6.5.2 分析思路 ……………………………………………………………… (163)
  6.5.3 库存分析 ……………………………………………………………… (164)
  6.5.4 分析总结 ……………………………………………………………… (166)
 习题 ………………………………………………………………………………… (166)

第 7 章 商业智能仪表板 ………………………………………………………… (167)

 7.1 商业智能仪表板简介 ………………………………………………………… (167)
 7.2 商业智能仪表板设计要点 …………………………………………………… (168)
 7.3 利用 Excel 制作商业智能仪表板 …………………………………………… (169)
 7.4 利用 Tableau 制作商业智能仪表板 ………………………………………… (171)
  7.4.1 Tableau 简介 …………………………………………………………… (171)
  7.4.2 利用 Tableau 制作销售分析仪表板 …………………………………… (174)
  7.4.3 利用 Tableau 制作会员分析仪表板 …………………………………… (179)
 习题 ………………………………………………………………………………… (184)

参考文献 …………………………………………………………………………… (185)

第1章 数据分析概述

1.1 何谓数据分析

数据是指以时间为轴,记录人物、地点、事件和方法等生活各个维度的数字字符。数据会随着时间不断累积,也会随着科技、生活观念等变化而呈现出不同的特性。消费者去商场用现金支付的方式购买了一件心仪的衣服,商店的日销售报告中记录了此次交易的金额、数量、款式和型号。当消费者采用的是刷卡的支付方式时,银行的日流水单以及商店的Pose机刷卡记录就产生了一笔实时交易数据。如果该消费者还是这家商店的会员,那么该商店就拥有了该消费者部分基本信息以及多次购买产品的交易记录。随着互联网、自动化科技的发展,消费者更多地参与了线上交易,那么线上交易平台会产生消费者常用地址、联系方式、偏好产品、产品型号、消费额度和消费频率等全面而及时的消费数据。

在传统的商业和社会环境下,人们对于数据的利用是非常有限的。企业和商家们利用自身的营销数据汇编成财务报告、信息披露报告,用来为管理层或者潜在投资者提供企业经营状况的参考资料。政府各个机构拥有的人口、宏观指标、地区发展、部门业务发展等各方面的数据为定期政府报告等特定事项提供数据服务。数据成为我们衡量过去发展状况和业绩水平的一种度量衡。传统意义上对于数据利用存在的缺失是不可忽视的。

首先,传统意义上对于数据的利用形成了无数个数据孤岛。宏观数据、调研数据、社会化数据和企业数据之间存在数据孤岛,而政府内部和企业内部同样存在数据孤岛。各个政府部门、甚至每个政府部门内部都有自身因专门的业务内容而产生专项数据,但是这些专项数据仅仅在服从专项需求时才被局部调用。企业内部也是这样,除了必要的信息披露之外,企业各部门之间的数据也是缺乏协同和共享机制的。数据孤岛的存在比我们想象得还要多而广泛，也极大地降低了对数据的利用。

其次，传统数据存在缺失和错误的比率较大。在商务系统和互联网尚未发展的情况下，企业和社会运营的数据很多是通过人工的方式进行记录的，因此很容易存在数据缺失和数据失实的情况。更重要的是，很多数据的产生需要大量的人力、物力去完成，在不可估量商业价值的情况下，数据的累积往往具有很强的延时性。

再次，数据的价值被低估，缺乏专业的数据分析人员对数据的商业和社会价值进行分析。我们会发现，传统意义上的数据管理是基于某些特定的目的和需求，例如，定期的信息披露，盈余管理和预测等。但是这些目的和需求都不是为了能够创造价值而设立的，更多的是一种业务和管理层面的辅助。在缺乏商业利益动机的前提下，也就没有专业数据分析师存在的必要。

然而，大数据时代拥有的数据量是足够大的。在互联网的世界里，每分钟 Facebook 平均有 600 次的访问量，并有新增用户 28 万；Amazon 每分钟销售高达 8.3 万美元；全球 IP 网一分钟能够传输 639TB 的数据；你需要花费 5 年的时间才能看完互联网上一秒钟传输的视频。同时，大数据时代的数据开始逐步走向多元化的趋势。数据来源包括移动数据、店面交易、网络行为、定位信息、电商、用户调查、社会网络以及企业 CRM 等。

当今社会是一个大数据的社会，信息高度发达，数据信息更是呈爆炸式增长，每天全世界都在产生着巨大的数据，大到一个跨国公司，小到一个社区的小卖部，都不可避免地与各种数据打交道。面对众多的数据，无论是管理者、经营者还是政策的制定者，都面临着管理好数据、发现数据的规律以及从数据中获得价值的问题。在这一章中，我们将首先探讨什么是数据分析。

1.1.1 数据分析定义概述

数据分析是数据的摄取，进行数据分析离不开数据的支持。数据实际上是一种观测值，是信息的外在表现形式，也是实验、策略、观察和调查的结果，以数量形式来表现。原始的数据往往具有数量巨大且杂乱无章的特点，很多时候给人的感觉就是让人眼花缭乱，不知所云。这样的数据是没有任何意义的，需要对其进行分析。

那么数据分析就是将大量且杂乱无章的数据进行整理、归纳和提炼，从中寻找出数据的内在规律，从而获得需要的信息。数据分析的过程，实际上就是对数据进行汇总和理解吸收的过程，也是为了提取有用的信息和形成结论而对数据加以研究和概括总结的过程。通过对数据进行分析，以求最大化地开发数据，发挥数据的作用。

数据分析是一种有组织有目的处理数据并使数据成为信息的过程，其根本目的是集中、萃取和提炼。在实际工作中，其最终是为了帮助经营者和决策者做出判断，以便采取正确有效的行动。例如，企业的高层希望通过市场分析和研究，把握当前产品的市场动向，从而制订合理的产品研发和销售计划。因此，在经济生活中，经济决策实际上就是一种"数据决策"，"用数据说话"是众多企业经营者和决策者的共识。

大数据时代，数据的形态和体量都发生了很大的变化，缺乏数据分析的数据本身是不具备商业价值的。数据分析的确能够为大数据时代带来质的飞跃。常规报表、查询、多维分析、警报——这数据分析的前四个等级都只能展示已经发生的历史状况，但是数据分析不仅仅如此。统计分析能够帮助我们找到触发事件发生的相关因素、确认最为有效的潜在交易方案。预报可以告诉我们未来股市预期变动或者是企业未来盈利水平预期。预测建模可以帮助金融机构预测新的金融产品的潜在客户。运筹优化能够帮助企业在限定的条件下把握最优的业务机会。

数据分析的核心思路就是要与实际业务、商业目的和运营目标相结合，进而为社会、经济和个体创造价值。数据分析与业务流程相结合可以体现为五个基本步骤，包括认知、运营、交互、销售和维护。商业运营要与数据分析的关键指标紧密联系，用数据提高产品市场营销效率和推广效率。大数据的维护和累积能够为商业运营描绘完整的企业画像、客户画像。大数据画像包括了解企业或者客户的基本信息、需求倾向、用户行为等。通过追踪核心的数据指标，进一步完善企业或者客户画像，进而将其转化成为产品元素和营销战略。通过数据分析，我们可以知道通过什么渠道以最小的成本将竞争对手的客户转化为自身的客户，进而创造营业收益。通过大数据与运营维护的结合可以很大程度上提高客户满意度，降低客户的流失率。

目前数据分析实践的运用主要体现在物联网、定位服务、客户制成以及反欺诈领域。首先是物联网领域。以 UPS（美国快递公司）为例，UPS 每天通过 5 万台快递车派送约 1630 万个包裹。UPS 在每台快递车上都安装了传感器，并且通过传感器传输数据分析，制定每天每台车少跑一英里的运营战略，该战略为 UPS 每年实现了约 3000 万美元的盈利。其次是定位服务。以美洲银行为例，美洲银行为其客户提供汉堡王的优惠券。该优惠券以美洲银行客户刷卡记录数据为基础，判断汉堡王潜在竞争对手的客户，并对这些客户进行了定向、定位的优惠券推送。该项营销战略既维护了美洲银行客户，也为汉堡王实现了创收。再次是客户支撑。通过文本挖掘、自然语言处理、情感分析等手段，对客户评论、客户投诉、海外舆情、媒体报道数据进行分类处理，进而充分掌握客户潜在的需求，达到及时有效维护客户的商业目的。最后是反欺诈领域。最典型的例子就是保险公司骗保。我们可以通过神经网络分析等多元的数据分析方法及时识别和判断已有的欺诈模式和潜在的欺诈人群，进而有效地进行客户管理，确保企业运营和效益。

在传统的数据分析模式下，通常是先提出假设检验，然后带着问题去进行数据分析。在大数据时代下，更重要的是关注小数据完善和收集的同时，构建完善的数据交互平台。在先有数据的基础上，在数据中找寻新的思路和创新机遇，进而实现价值的飞跃。在数据爆炸和新媒体时代的背景下，文字、图片、视频、网络数据等新兴的数据模式使得我们需要掌握和运用全新的数据处理方式。同时，还需要对数据进行生命周期的管理，对非结构数据进行筛选和标签化。数据分析看重的是数据的多元性和数据的质量，需要构建起大数据谱系，同时结合数据的特性采用不同的数据分析方法、分析工具和分析模型。因此，数据分析需要较为综合的思维和能力。

1.1.2　数据分析方法

对数据进行分析的方法有很多，归纳起来主要包括统计分析方法、运筹学分析方法、财务分析方法和图表分析方法。下面分别简单介绍以上所述分析方法。

（1）统计分析方法：是指对收集到的数据进行整理归类并解释的分析过程，主要包括描述性统计或推断性统计。其中，描述性统计以描述和归纳数据的特征以及变量之间的关系为目的，主要涉及数据的集中趋势、离散程度和相关程度，其代表性指标是平均数、标准差和相关系数等。推断性统计是用样本数据来推出总体特征的一种分析方法，包括总体参数估计和假设检验，代表性方法是Z检验、T检验和卡方检验等。

（2）运筹学分析方法：是在管理领域中运用的数学方法，该方法能够对需要管理的对象（如人、财务和物等）进行组织从而发挥最大效益。运筹学分析常使用数学规划分析，如线性规划、非线性规划、整数规划和动态规划等，也可以运用运筹学中的理论（如图论、决策论和库存论等）来进行分析预测。运筹学分析方法常用在企业的管理中，如服务、库存、资源分配、生产和产品可靠性分析等诸多领域。

（3）财务分析方法：是以财务数据及相关数据为依据和起点来系统分析和评估企业过去和现在的经营成果、财务状况以及变动情况，从而了解过去、分析现在和预测未来，达到辅助企业的经营和决策的目的。财务分析方法包括比较分析法、趋势分析法和比率分析法等。

（4）图表分析方法：是一种直观形象的分析方法，其将数据以图表的形式展示出来，使数据形象、直观和清晰，让决策者更容易发现数据中的问题，提高数据处理和分析的效率。图表分析主要针对不同的数据分析类型，采用不同的图表类型将数据单独或组合展示出来，常见的图表如柱形图、条形图、折线图和饼图等。

1.2　数据分析步骤

数据分析通常可以分为明确目的、收集数据、处理数据、分析数据和撰写报告这几个步骤。

1.2.1　明确目的

在进行数据分析时，首先需要明确分析的目的。在接收到数据分析的任务时，首先需要搞清楚为什么要进行这次分析、这次数据分析需要解决的是什么问题、应该从哪个方面切入进行分析以及什么样的分析方法最有效等问题。在确定总体目的后，可以对目标进行细化，将分析的目标细化为若干分析要点，厘清具体的分析思路并搭建分析框架，搞清楚数据分析需要从哪几个角度来进行，采用怎样的分析方法最有效。

只有这样才能为接下来的工作提供有效的指引，保证分析完整性、合理性和准确性，使数据分析能够高效进行，分析结果保证有效和准确。

总之，在开展数据分析之前，要考虑清楚，为什么要开展数据分析？通过这次数据分析要解决什么问题？只有明确数据分析的目标，数据分析才不会偏离方向，否则得出的数据分析结果不仅没有指导意义，甚至可能将决策者引入歧途，导致严重的后果。

1.2.2 收集数据

收集数据是在明确数据分析的目的后，获取需要数据的过程，其为数据的分析提供直接的素材和依据。收集数据的来源包括两种方式，第一种方式就是直接来源，也称为第一手数据，数据来源于直接的调查或现实的结果。第二种方式称为间接数据，也可称为第二手数据，数据来源于他人的调查或实验，是结果加工整理后的数据。通常，数据来源主要有以下几种方式：

（1）公司或机构自己的业务数据库，存放着大量相关业务数据。这个业务数据库就是一个庞大的数据资源，需要有效地利用起来。

（2）公开出版物，比如《中国统计年鉴》、《中国社会统计年鉴》、《世界经济年鉴》、《世界发展报告》等统计年鉴或报告。

（3）互联网，网络上发布的数据越来越多，特别是搜索引擎可以帮助我们快速找到所需要的数据。例如，国家及地方统计局网站、行业协会网站、政府机构网站、传播媒体网站和大型综合门户网站等，上面都可能有我们需要的数据。

（4）进行市场调查。在数据分析时，如果要了解用户的想法和需求，通过以上三种方式获得数据会比较困难，这时就可以采用市场调查的方法收集用户的想法和需求数据。市场调查是指运用科学的方法，有目的、有系统地收集、记录、整理有关市场营销的信息和资料，分析市场情况，了解市场现状及其发展趋势，为市场预测和营销决策提供客观、正确的数据资料。市场调查可以弥补其他数据收集方式的不足，但进行市场调查所需的费用较高，而且会存在一定的误差，故仅作参考之用。

所以，在实际工作中，获取数据的方式有很多，根据不同的需要有不同的获取途径，如对本公司的经营状况的分析，可以从公司自由的业务数据库获取。对于一些专业数据，可以从公开的出版物获取，如年鉴或分析报告等。随着互联网的发展，获取数据的途径更为广阔，通过搜索引擎，可以快速找到需要的数据，如到国家或地方统计局的网站、行业组织的官方网站或行业信息网站等。

1.2.3 处理数据

在获得数据后，需要对数据进行处理。数据处理是指对收集到的数据进行加工整理，形成适合数据分析的样式，它是数据分析前必不可少的一步工作。数据处理的基本目的是从大量的、杂乱的且难以理解的数据中抽取出并推导出对解决问题有价值和意义的数据。

数据处理常常需要对数据进行清理、转换、提取、汇总和计算。通常情况下，收集到的数据都需要进行一定的处理才能用于后面的数据分析工作，即使是再"干净"的原始数据也需要先进行一定的处理才能使用。

1.2.4 分析数据

数据分析需要从数据中发现有关信息，一般需要通过软件来完成。在进行数据分析时，数据分析人员根据分析的目的和内容确定有效的数据分析方法，并将这种方法付诸实施。当前数据分析一般都是通过软件来完成的，简单实用的有大家熟悉的 Excel，专业高端的软件有 SSPS 和 SAS 等。

1.2.5 撰写报告

在完成数据分析后，需要将分析结果展示出来并形成分析报告。数据分析报告一般包括封面、目录、分析内容和总结这几个部分。数据分析报告是对数据分析过程的总结和归纳，分析报告需要描述出数据分析的过程和分析的结果，并且要给出分析的结论。数据分析报告应该结构清晰且主次分明。分析报告应该具有一定的逻辑性，一般可以按照发现问题、总结问题原因和解决问题这一流程来描述。在分析报告中，每一个问题都必须要有明确的结论，一个分析对应一个结论，切忌贪多，结论应该基于严谨的数据分析，不能主观臆测。同时，分析报告应该通俗易懂，使用图表和简洁的语言来描述，不要使用过多的专业名词，要让看报告的人能够看懂。

最后，好的分析报告一定要有建议和解决方案。作为决策者，需要的不仅仅是找出问题，更重要的是建议或解决方案，以便决策者在做决策时参考。所以，数据分析师不仅需要掌握数据分析方法，还要了解和熟悉业务，这样才能根据发现的业务问题，提出具有可行性的建议或解决方案。

1.3 数据分析前景

1.3.1 数据分析的作用

数据分析在管理上有着十分重要的作用，它产生的价值来源于详尽而真实的数据，是一个企业的管理走向正规化、决策走向合理化的重要环节。数据分析在实际工作中能够及时纠正经营和生产中的错误，使企业的管理者能够了解企业现阶段的经营状况，知道企业业务的发展和变动的情况，及时对企业的运营有一个深入了解。通过数据分析，可以对企业的计划进度进行分析,实时了解经营情况。同时,在了解企业当前状况的同时,提供了科学管理的依据。数据分析也可以有效帮助决策者对未来的发展趋势进行预测,为制定经营方向、运营目标以及决策提供有效的参考和依据,最大限度地规避风险。

1.3.2 数据分析就业前景

就算你不是数据分析师,数据分析技能也是未来必不可少的工作技能之一。在数据分析行业发展成熟的国家,90%的市场决策和经营决策都是通过数据分析研究确定的。

数据分析师,是指在互联网、金融、电信、医疗、旅游、零售等多个行业专门从事数据的采集、清洗、处理、分析,能够利用统计数据、定量分析和信息建模等技术制作业务报告、进行行业研究、评估和预测,从而为企业或所在部门提供商业决策的新型数据分析人才。

2015年2月,美国白宫正式命名DJ Patil担任首席数据科学家和制定数据策略的副首席技术官。DJ Patil曾在LinkedIn、eBay、PayPal、Skype和风险投资公司Greylock Partners等诸多硅谷知名公司工作过,积累了丰富的经验,在上任之后将会扮演负责政府大数据应用开发专家的角色,尤其是针对奥巴马的医疗改革方案。美国政府正在用实际行动告诉全世界,其已经意识到要充分利用他们的数据。

IDC(互联网数据中心)预测,目前每年数据的生产量超过8ZB,2020年将达到40ZB,如图1-1所示,属于大数据的时代已经到来。

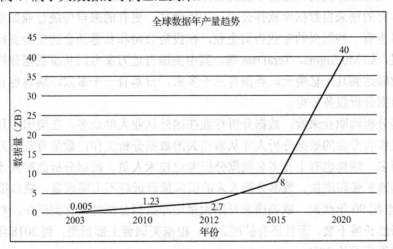

图1-1 全球数据年产量趋势

数据生产量"拐点"已至,将开始爆发式增长。我们正处在一个数据量爆发增长的时代,当今的信息产业呈现出前所未有的繁荣,新的互联网技术不断涌现,从传统互联网的PC终端,到移动互联网的智能手机,再到物联网传感器,技术革新使数据生产能力呈指数级提升。

同时，大数据时代可视化趋势明显，开始重视展示数据的在线动态模式以及分布形态。数据可视化是一种新的数据分析手段、一种叙事手段，并且包含了思考和批判的思维。通过数据可视化的方式，能够探查数据之间的关联。随着技术的发展，可视化将推动数据实时动态，以及自动化更新和发布的发展。数据可视化提供了一条清晰有效地传达与沟通信息的渠道，具体体现在交互性、可视性和多维性。在这里，交互性是指用户能够方便地通过交互界面实现数据的管理、计算与预测。可视性是指数据可以用图像、二维图形、三维图形和动画等方式来展现，并可对其模式和相互关系进行可视化分析。多维性是指可以从数据的多个属性或变量对数据进行切片、钻取、旋转等，以此剖析数据，从而多角度、多方面分析数据。

数据分析需要大数据的价值在于挖掘。在大数据时代，可视化图表工具不可能"单独作战"。通常数据可视化都是和数据分析功能组合，数据分析又需要数据接入整合、数据处理、ETL等数据功能，发展成为一站式的大数据分析平台。

1. 国外数据分析就业前景

在欧美日等发达国家，数据分析行业不仅仅在企业的运营管理中起到举足轻重的作用，也在政府的社会治理等方面发挥着重要作用。2012年的美国总统大选中，奥巴马就利用数据分析武器，来了解不同选民的需求，设计并策划合理有效的"自我营销"事件，最终在选举中击败劲敌罗姆尼赢得连任，此案已经传为"数据分析"制胜的佳话。

数据分析行业在发达国家，不仅仅在企业中有大量的从业人员，而且发展出很多具有规模的专业性服务机构。这些专业的服务机构有的来源于信息技术公司，如IBM、惠普、微软；有的则来自数据库软件公司，如甲骨文；更有的来自传统行业如亚马逊、沃尔玛；当然也有一些新兴的专业咨询企业，在投资公司和私募基金的资金支持下，获得飞速的发展，如Mu Sigma、TeraData等。其中美国有近万家专门从事数据分析的服务公司，年营业额达到几千亿美元，英国有三千多家，日本有一千多家，瑞典也有五百多家有影响的数据分析服务公司。

从数据分析师职业来看，数据分析行业在国外从业人群众多。在美国，几乎所有大中型企业里都有专业的数据分析人才从事相关的数据分析工作，数量有数百万之多，日本有十五万多，瑞典也有十万多名数据分析专业技术人员。数据分析高端人才的需求这几年仍在迅速扩张和增加，数据分析人才的供应量远远赶不上需求量，缺口很大。

从20世纪90年代起，欧美国家开始大量培养数据分析师，直到现在，对数据分析师的需求仍然长盛不衰，而且还有扩展之势。根据美国劳工部预测，到2018年，数据分析师的需求量将增长20%。

IDC（互联网数据中心）发布预测报告称，2017年大数据技术和服务市场将增至324亿美元，实现27%的年复合增长率。此外，还预测基于大数据的决策解决方案将开始取代或影响知识工作者角色，这势必引发人才转型。

数据分析行业在国外历史已久，伴随着互联网技术、信息技术、通信技术的发展，目前已经非常成熟，并远远领先国内的发展水平，据估计，这一差距至少要有5～10年。

2. 国内数据分析就业前景

自改革开放以来，随着国内经济的快速发展以及在各大行业与国际接轨的步伐不断扩大，国内的数据分析行业从 2003 年开始觉醒和渐热，如今已经过 14 年的发展。这期间数据科学相关职业从少到多、认证协会从无到有、数据分析挖掘工作从模糊到清晰。如今，中国的数据分析行业经过十多年的磨砺，正迎来辉煌灿烂的井喷式发展期。

2004 年至 2006 年是数据分析行业的起步阶段；从 2006 年到 2010 年，数据分析行业已经全面成型，相关的培养方案和课程体系进一步完善，全国性行业协会的申请工作正式开展。我国数据分析师人数从零起步，猛增至近万人。数据人才的分布领域也从最初的分析评估业和金融业，迅速扩展到会计师、投融资机构、政府审批和企业管理等众多领域，涉及的行业从银行保险等金融行业到分析服务业、制药业、石油和天然气行业以及 IT 行业，数据分析师迅速成为国内炙手可热的职业之一。

近两年国内市场对数据分析师职位的需求逐步涌现。根据猎聘网数据显示，全国中高端职位中数据分析师职位由 2014 年初的 200 多个职位逐步增长到接近 3000 个职位，数据分析师职位无论从绝对数到相对数量而言都出现了快速增长的态势。二线城市目前对于数据分析师的需求相对滞后。分析师职位主要集中在互联网、金融、消费品、制药和医疗等行业，其中互联网和金融行业的分析师职位数超过了 80%。目前数据分析师的薪酬水平高于行业平均水平，体现出数据分析师以及数据的价值正在逐渐被市场所认可。

数据分析师职位的大量涌现和对数据分析师市场价值的认可主要是基于数据分析 3.0 时代的到来。1954—2005 年，计算机设备广泛应用，数据库初步形成；2005—2013 年，互联网蓬勃发展，互联网公司为了解决自身数据量较大、数据复杂的问题引入了解决数据问题的分析工具；2013 年至今，传统行业开始引入互联网行业中运用的数据分析方法，数据分析 3.0 时代开启。2013 年至今，数据相关企业迅速发展，包括为数据提供分析、服务、软件和硬件相关的商业化和开源公司。鉴于互联网行业对于大数据分析成功的经验，市场开始重视数据和数据分析对创造商业价值的重大潜力。

2011 年，"云计算"的概念风靡世界，并开始在全国推广，国内一些大型互联网公司如阿里巴巴等建成了一大批以"云计算技术"和"云存储技术"为概念的"云计算中心"，并投资开发多个开发区。这为数据采集后的存储、处理、传输和分析提供了基础。数据分析师职业有了更加具体的应用方向。

自 2012 年开始，"大数据"一词横空出世，国外的一些行业领导者开始提出"大数据时代"的概念。"大数据"一开始就不止步于理论，它对大量和复杂数据的处理，在技术上提出了新的拓展思路和方向。随着互联网技术的提速、第四代移动互联网的广泛应用、社交媒体的移动化，各行各业在数据的内容、结构、复杂程度和数量方面都呈现出几何倍增的特征。很多企业的数据分析师对如何更好地利用海量数据为政府管理、企业运营等决策提供科学的依据展开探讨。这也为数据分析师这一职业的快速发展开拓了巨大的空间。CSDN 的一项调查报告指出，国内的大数据应用目前多集中在互联网领域，并且有超过56%的企业在筹备和发展大数据研究。未来5年，94%的公司都需要数据分析专业人才。

埃森哲一项分析报告曾指出，数据分析人才价值倍增的原因在于业务分析法已经从企业的辅助角色跃升至核心地位，并能够帮助企业制定许多重要的决策和流程。对处于这一发展趋势最前沿的互联网行业而言，分析法已经成为一项企业战略性能力。即便是在分析法仍处于起步阶段的电子和高科技等行业，分析人才也是企业未来高速发展的关键所在。在报告中，在所调查的包括分析服务业、银行业、石油天然气行业、通信技术行业等七大传统行业内，新增的数据分析就业机会在中国的发展速度仅次于美国，在2015年增加30 500人，74%的新增数据分析专家工作将会出现在中国、印度和巴西；尽管美国提供了最多的数据分析就业机会，但是，中国、印度和巴西的数据分析职业发展速度更快，并且只需要短短十年，中国和印度就将在这些行业中雇佣近一半的数据分析人才。

如今，我们已经进入了企业发展日新月异的"互联网+"时代——一个用数据说话的时代，也是一个依靠数据竞争的时代。目前在世界500强企业中，有90%以上都建立了数据分析部门。IBM、微软、Google等知名巨头公司都在积极投资数据业务、建立数据部门、培养数据分析团队。各国政府和越来越多的企业意识到数据和信息已经成为企业的智力资产和资源，数据的分析和处理能力正在成为企业日益倚重的技术手段。我国在互联网行业热钱涌动的又一波浪潮下，对数据分析方面人才的需求更加迫切，培养力度更是空前。随着大数据在国内的发展，大数据相关人才却出现了供不应求的状况，大数据分析师更是被媒体称为"未来最具发展潜力的职业之一"。

从目前来看，在未来五年，互联网、金融及医疗行业将会创造大多数的数据科学相关职位。互联网行业将积累大量的数据，传统金融行业转型面临巨大的数据科学相关职位的缺口；对于医疗行业来说，"3521工程"，即建设国家级、省级和地市级三级卫生信息平台，加强公共卫生、医疗服务、新农合、基本药物制度、综合管理5项业务应用，建设健康档案和电子病历2个基础数据库和1个专用网络建设，当前全国有数十个省份在搭建省级的信息化平台、100多个城市在不同程度上搭建市级平台，以及区域医疗建设和医联体等，都会积累大量的数据，而且未来利用大数据解决医疗问题是面临的急需解决的问题。

根据对阿里巴巴、星图数据、钱方银通、和堂金融等公司的访谈及调研，并根据相关数据做出的预测显示，到2018年，数据分析师的职位空缺将达到近40 000人，而且各行各业均会对数据科学相关岗位产生很大的需求。

总之，数据分析是一门技术也是一门艺术，数据分析起源于生活，也为生活创造着新的价值。从事数据分析需要累积多元化的知识和素质，包括统计学、机器学习、工程、可视化、深刻行业知识、强化数据库能力、精练信息的能力、运筹学等。数据分析师还需要具备怀疑态度以及创造能力，才能将数据的技术和艺术相结合，使得数据分析能够与业务相结合，更加贴近我们的生活。多元化的学识背景以及对于生活的感知能够造就一名优秀的数据分析师。大数据时代已经来临，数据分析行业的急速扩展必然给数据分析师们带来广阔的发展空间。数据分析师是一门需要掌握多元数据分析技术的职位,是拥有生活感知、经济分析能力的高端人才就业岗位。

1. 什么是数据分析?
2. 数据分析的方法有哪些?
3. 简述数据分析的步骤。

第 2 章 案例背景

2.1 模拟企业背景介绍

本书以一家在全国拥有连锁社区超市的 A 企业为例,选取该企业人力资源、商品库存和商品销售三个方面的部分数据来进行描述和说明。

2.1.1 A 企业概况

A 企业是以经营各类家居用品、文体用品、家电、针织品、服饰类,各种休闲、饮料、烟酒等商品批发、零售业务为主,以统一形象、统一标志、统一经营、统一管理为发展方向的零售连锁经营企业。

2.1.2 A 企业数据来源说明

A 企业采用了一套 ERP 系统来实现全过程统一经营管理,故选取的人力资源、商品库存和商品销售三方面的部分数据都来源于 ERP 系统中的相关业务数据库,从而保证了数据的真实、有效和可靠。

2.2 模拟企业基础数据

2.2.1 人力资源方面部分数据描述和说明

人力资源方面部分数据包括员工信息和 2016 年考勤数据，说明如下。
（1）员工信息包含在职员工表、薪资总额表和离职员工表。
在职员工表的字段如表 2-1 所示。

表 2-1 在职员工表字段说明

字　　段	字 段 含 义
工号	员工的工作编号
姓名	员工的姓氏和名字
性别	男或女
部门	公司的一个机构
职务	职位的称呼
婚姻状况	婚否
出生日期	出生时间（年、月、日）
年龄	当前年份减去出生年份
进公司时间	进入公司的日期（年、月、日）
本公司工龄	在本公司工作的年数
学历	受教育程度

薪资总额表的字段如表 2-2 所示。

表 2-2 薪资总额表字段说明

字　　段	字 段 含 义
年份	某一年
员工人数	员工人员数量
月平均工资	每个月发放工资总金额除以员工人数
年平均工资	一年内发放工资总金额除以员工人数
年工资增长率	当前年份发放工资总金额减去上一年发放工资总金额再除以上一年发放工资总金额

离职员工表的字段如表 2-3 所示。

表 2-3 离职员工表字段说明

字　段	字段含义
工号	员工的工作编号
姓名	员工的姓氏和名字
离职时间	离开本公司工作岗位的时间（年、月、日）
离职原因	离开本公司工作岗位的事由说明

（2）2016 年考勤数据包含 2016 年考勤数据表。

2016 年考勤数据表的字段如表 2-4 所示。

表 2-4　2016 年考勤数据表字段说明

字　段	字段含义
工号	员工的工作编号
姓名	员工的姓氏和名字
部门	公司的一个机构
工作日天数	一年内上班的天数
实际出勤天数	实际上班天数
事假	因私事或者个人原因请假天数
病假	因员工生病原因请假天数
婚假	因员工结婚原因请假天数
丧假	因丧事原因请假天数
产假	因生育原因请假天数
年假	按公司规定，员工一年内允许请假天数
工作日加班	工作时间以外的工作时间
双休日加班	双休日工作时间
公出	因公出差
调休	某个工作日责令其不上班，而到周末却要员工来还班；或因有工作需节假日上班，等以后用工作日为其补休

2.2.2　商品库存方面部分数据描述和说明

商品库存方面部分数据有 2016 年 1～3 月××社区店洗护商品库存变动信息，说明如下。

商品库存变动信息包含 2016 年 1～3 月××社区店洗护商品库存变动明细表。

2016 年 1～3 月××社区店洗护商品库存变动明细表的字段如表 2-5 所示。

表 2-5　2016 年 1～3 月××社区店洗护商品库存变动明细表字段说明

字　段	字　段　含　义
货品编号	标识每种货品的号码
商品品牌类别	商品品牌的分类
商品名称	商品的称呼
产品规格	产品的大小、型号等
每箱数量	一箱货物的数量
进货单价	购进货物的单个价格
月初库存数	每月仓库剩余货物数量

2.2.3　商品销售方面部分数据描述和说明

商品销售方面部分数据包括 2016 年四川分店销售情况、××分店销售数据、供货发货信息和会员客户信息，说明如下。

（1）2016 年四川分店销售情况包含 2016 年四川分店销售情况表。

2016 年四川分店销售情况表的字段如表 2-6 所示。

表 2-6　2016 年四川分店销售情况表字段说明

字　段	字　段　含　义
销售金额	产品销售的货币收入总额
毛利	商品销售收入减去商品原进价后的余额
毛利率	不含税销售收入减去不含税成本再除以不含税销售收入
交易笔数	交易的次数
每客单价	每个客户的单笔交易金额
商品类别销售金额	某类商品销售的货币收入总额
商品类别毛利	某类商品商品销售收入减去商品原进价后的余额
商品销售金额 top5	某商品销售金额排名前 5 名

（2）××分店销售数据包含××分店销售明细表。

××分店销售明细表的字段如表 2-7 所示。

表 2-7　××分店销售明细表字段说明

字　段	字　段　含　义
会员编号	标识每个会员的号码
交易编号	标识每次交易的号码
产品编号	标识每个产品的号码

续表

字　　段	字 段 含 义
产品名称	产品的称呼
交易建立日	发生交易的时间
产品单价	产品的单个售价
产品数量	产品个数
金额	会员消费的金钱数
红利积点	金额除以十的结果

（3）供货发货信息包含供货发货表。
供货发货表的字段如表 2-8 所示。

表 2-8　供货发货表字段说明

字　　段	字 段 含 义
订单编号	标识每笔订单的号码
客户年龄段	客户的年龄范围
订单日期	产生订单的时间
订单优先级	订单的优先等级
产品类别	产品的分类
发货日期	发货的时间
客户类型	客户的分类
区域	全国地域划分
省级	省名
市级	城市名
市名	城市名（拼音表示）
折扣	商品价格的折扣率
订单号	标识订单的号码
订单数量	订单货物的数量
产品基本保证金	发货前预先支付的金额
利润	销售金额减去成本费用
销售额	产品销售的货币收入总额
运输成本	货物运输过程中产生的费用
单价	单个货物的价格

（4）会员客户信息包含会员客户信息表。
会员客户信息表的字段如表 2-9 所示。

表 2-9 会员客户信息表字段说明

字　段	字　段　含　义
会员编号	标识每个会员的号码
性别	男或女
生日	出生日期
年龄	当前年份减去出生年份
婚姻状况	婚否
职业	工作种类
省份（拼音）	所在省份，用拼音表示
城市	所在城市
城市（拼音）	所在城市，用拼音表示
入会管道	入会的方式
会员入会日	会员入会的日期
VIP 建立日	晋升到 VIP 会员的日期
购买总金额	一年内购买商品的金额总和
购买总次数	一年内购买商品的次数总和

第3章 数据处理

数据（Data）是对事实、概念或指令的一种表达形式，可由人工或自动化装置进行处理。数据经过解释并赋予一定的意义之后，便成为信息。数据处理（Data Processing）是指对数据的采集、存储、检索、加工、变换和传输等。

如图3-1所示，数据是表中的某个数值，如0001、管理层、1979/10/22等。数据经过解释便可以赋予一定的意义，如工号为0001、姓名为AAA1的员工所在部门是管理层，工号为0002的员工进公司时间为2013年1月8日。

工号	姓名	性别	部门	婚姻	出生日期	进公司时间	学历
0001	AAA1	男	管理层	已婚	1963/12/12	2013/01/08	博士
0002	AAA2	男	管理层	已婚	1965/06/18	2013/01/08	硕士
0003	AAA3	女	管理层	已婚	1979/10/22	2013/01/08	本科
0004	AAA4	男	管理层	已婚	1986/11/01	2014/09/24	本科
0005	AAA5	女	管理层	已婚	1982/08/26	2013/08/08	本科
0006	AAA6	女	人事部	离异	1983/05/15	2015/11/28	本科
0007	AAA7	男	人事部	已婚	1982/09/16	2015/03/09	本科
0008	AAA8	男	人事部	未婚	1972/03/19	2013/04/10	本科

图3-1 在职员工信息表

数据处理贯穿于社会生产和社会生活的各个领域，数据处理技术的发展及其应用的广度和深度，极大地影响着人类社会发展的进程，同时随着互联网的发展，海量数据的处理也影响到我们的生活。

数据处理的基本目的是从大量的、可能是杂乱无章的、难以理解的数据中抽取并推导出对于某些特定的人来说有价值、有意义的数据。数据处理主要包括数据清洗、数据

第3章 数据处理

转化、数据提取、数据计算等,数据处理是数据分析的前提,经过处理对有效数据的分析才有意义。做数据处理及数据分析必须依靠分析工具,这里选择最大众的工具——Excel,也是我们日常最常用的办公软件之一。

3.1 数据基本概念

3.1.1 字段与记录

从数据分析的角度分析字段是事物或现象的某种属性,记录是事物或现象某种属性的具体表现,也称为数据或属性值。字段可以简单理解为是一个表中列的属性,而记录是表中的值。

如图 3-2 所示,在职员工信息表中的工号、姓名、婚姻状况、学历等都是字段;在职员工信息表中的工号可以是 0001,0002,0003 等,姓名可以为 AAA1,AAA2 等,婚姻状况为已婚、未婚、离异等,均称为记录,在整个二维表中一行的值称为一条记录。

工号	姓名	性别	部门	婚姻状况	出生日期	进公司时间	学历
0001	AAA1	男	管理层	已婚	1965/12/12	2013/01/08	博士
0002	AAA2	男	管理层	已婚	1965/06/18	2013/01/08	硕士
0003	AAA3	女	管理层	已婚	1979/10/22	2013/01/08	本科
0004	AAA4	男	管理层	已婚	1986/11/01	2014/09/24	本科
0005	AAA5	女	管理层	已婚	1982/08/26	2013/08/08	本科
0006	AAA6	女	人事部	离异	1983/05/15	2015/11/28	本科
0007	AAA7	男	人事部	已婚	1982/09/16	2015/03/09	本科
0008	AAA8	男	人事部	未婚	1972/03/19	2013/04/10	本科
0009	AAA9	男	人事部	已婚	1978/05/04	2013/05/26	本科
0010	AAA10	男	人事部	已婚	1981/06/24	2016/11/11	大专

图 3-2 在职员工信息表

数据需要由字段与记录共同组合才有意义。

3.1.2 数据类型

Excel 中的数据类型就是表中的记录的数据类型,一般一个表中一列数据的类型一致。Excel 中最常用的数据类型有三类,分别是数值、文本、日期。

查看 Excel 中数据类型的步骤如下:

选择 Excel 中的任意一列或任意一个单元格,单击鼠标右键,在弹出的菜单中选择"设置单元格格式",会弹出"设置单元格格式"对话框,如图 3-3 所示。

图 3-3 设置单元格格式

在"设置单元格格式"对话框中，可以看到 Excel 中支持的各种不同数据类型，如数值、货币、会计专用、日期、时间、文本、特殊或自定义等。一般从数据分析的角度看，Excel 中的数据类型可以分为三类：数值型数据，文本型数据，日期型数据。

- 数值型数据：数值型数据是直接使用整数或实数进行计量的数值数据，如成绩表中的语文、数学、英语三科的成绩，这些数据都是数值型数据。对于数值型数据，可以直接使用算术方法进行计算、汇总和分析等，如计算成绩分析表中某个学生的平均分、按平均分排序等。
- 文本型数据：文本型数据又称字符型数据，文本型数据没有计算能力，包括英文字符、中文字符、数字字符（不同于数值型数字）等，如学生成绩信息表中的学号、姓名、总评等。对于文本型数据，可以使用字符串运算方法进行截取、统计、汇总和分析等运算，如分析学生优秀的百分比、筛选不及格学生等。
- 日期型数据：日期型数据是使用日期或时间进行计量的数据，如出生日期、入学日期等。对于日期型数据，可以使用日期或时间函数进行计算、统计、分析等，如分析学生信息表中学生年龄与分数的关系。

3.1.3 数据表

数据表就是由字段、记录和数据类型构成的数据表。数据表设计的合理性直接影响后继数据处理的效率及深度，如表 3-1 所示会员信息表就是一个数据表。

表 3-1　会员信息表

会员编号	性别	生日	省份	城市	购买总金额	购买次数
DM081036	F	1956/4/21	河北省	石家庄	1761.4	24
DM081037	M	1995/5/9	河南省	郑州	11 160.233 5	23
DM081038	F	1949/4/30	广东省	汕头	21 140.56	45
DM081039	F	1963/10/10	内蒙古	呼和浩特	288.56	30
DM081040	M	1992/5/7	内蒙古	呼和浩特	1892.848	14
DM081041	F	1964/7/26	辽宁省	沈阳	2484.7455	46

为方便数据表的分析，建议数据表的设计按表 3-2 所示基本要求进行。

表 3-2　数据表设计基本要求

序号	设计要求
1	数据表由标题行（字段）与数据部分（记录）组成
2	第一行是列标题，字段名不能重复
3	从第二行开始都是数据部分，数据部分的每一行数据成为一个记录
4	数据部分不允许出现空行或空列
5	数据表中没有合并单元格存在
6	数据表与其他数据之间应该留出至少一个空白行和一个空白列
7	数据表需要以一维表的形式存储，但是实际操作中接触的数据往往是以二维表的形式存在的，此时应该将二维表转换为一维表的形式

常用数据表分为一维表和二维表。从数据库的观点来说，维指的是分析数据的角度，一维表是最适合于透视和数据分析的数据存储结构。所谓一维表，就是在工作表数据区域的顶端行为字段名称（标题），以后各行为数据（记录），并且各列只包含一种类型数据的数据区域。判断数据表是一维表格还是二维表格的一个最简单的办法，就是看其每一列是否是一个独立的参数。如果每一列都是独立的参数那就是一维表，如果有一列或多列是同类参数那就是二维表。如图 3-4 所示，2015 年、2016 年都是属于年份的范畴，是描述各省 GDP 的一个因素，若要换成一维表，应该使用同一字段，将年份单独作为列标签，这是区分二维表和一维表的关键所在。

为了后期更好地处理各种类型的数据表，强烈建议用户在数据录入时，采用一维表的形式录入数据，避免采用二维表的形式对数据进行录入。如果获取的数据是二维表形式，在进行数据分析前需要将二维表转换为一维表。

将二维表转换为一维表的方法如下。

第一步：添加数据透视表功能。在"文件"菜单栏中选择"选项"，在弹出的"Excel 选项"对话框中选择"自定义功能区"，在数据选项卡下选择"新建组"，单击"重命名"，将"新建组"名称修改为"数据透视表",选中"从下列位置选择命令"中的"不在功能区中的命令",然后选择"数据透视表和数据透视图向导",单击右边"数据"选项下方刚刚建立的"数据透视表",单击"添加"按钮,然后单击"确定"按钮,将"数据透视表和数据透视图向导"添加到自定义的数据透视表选项中,如图 3-5 所示。

一维数据表

地区	年份	GDP
广东省	2015 年	72812.55
广东省	2016 年	79512.05
江苏省	2015 年	70116.38
江苏省	2016 年	76086.2
山东省	2015 年	63002.33
山东省	2016 年	67008.2
浙江省	2015 年	42886.49
浙江省	2016 年	46485
河南省	2015 年	37002.16
河南省	2016 年	46160.01
四川省	2015 年	30053.1
四川省	2016 年	32680.5

二维数据表

地区	2016 年	2015 年
广东省	79512.05	72812.55
江苏省	76086.2	70116.38
山东省	67008.2	63002.33
浙江省	46485	42886.49
河南省	46160.01	37002.16
四川省	32680.5	30053.1

图 3-4　一维表与二维表对比

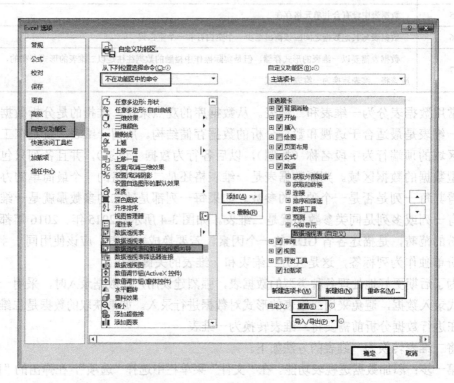

图 3-5　将数据透视表和数据透视图向导添加到数据选项中

添加完成后的 Excel 数据透视表中的"数据透视表和数据透视图向导"如图 3-6 所示。

图 3-6　添加完成后的数据透视表和数据透视图向导

第二步：单击"数据"选项卡，选择"数据透视表和数据透视图向导"图标，系统弹出数据透视表和数据透视图向导，选择待分析数据的数据源类型为"多重合并计算数据区域"，所需创建的报表类型为"数据透视表"，然后单击"下一步"按钮，如图 3-7 所示。

图 3-7　数据透视表和数据透视图向导第一步

第三步：在弹出的对话框中选择"请指定所需的页字段数目"为"创建单页字段"，然后单击"下一步"按钮，如图 3-8 所示。

第四步：在弹出的对话框中，"选定区域"选择二维表所包含的单元格，单击"添加"按钮，将选择的区域添加到"所有区域"栏内，然后单击"下一步"按钮，如图 3-9 所示。

第五步：在弹出的对话框中选择"数据透视表显示位置"为"新工作表"，单击"完成"按钮，如图 3-10 所示。

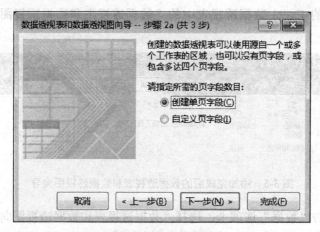

图 3-8　数据透视表和数据透视图向导第二步

图 3-9　数据透视表及数据透视图向导选定区域

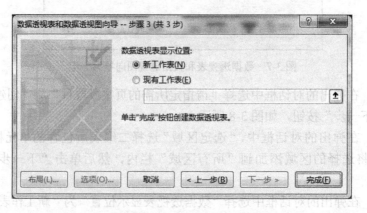

图 3-10　数据透视表及数据透视图向导第三步

生成的数据透视表如图 3-11 所示。

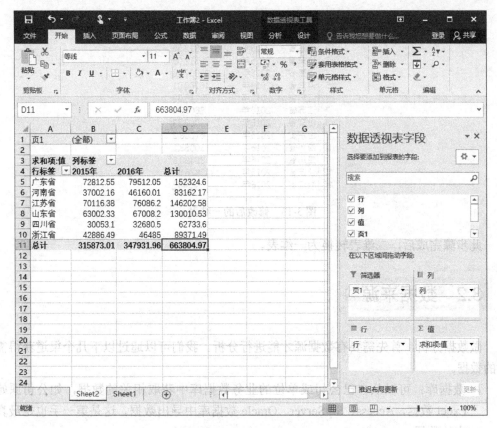

图 3-11　生成的数据透视表

第六步：双击行、列均为"总计"的 D11 单元格，此时 Excel 会自动创建一个新的工作表，并且是基于原二维表数据源生成的一维表格，如图 3-12 所示。

图 3-12　基于原二维表数据源生成的一维表

第七步：把数据表的列标题（字段）修改为相应的字段名称即可，不需要的列可以删除，修改后的一维表如图 3-13 所示。

	A	B	C
1	地区	年份	GDP（万亿）
2	广东省	2015年	72812.55
3	广东省	2016年	79512.05
4	河南省	2015年	37002.16
5	河南省	2016年	46160.01
6	江苏省	2015年	70116.38
7	江苏省	2016年	76086.2
8	山东省	2015年	63002.33
9	山东省	2016年	67008.2
10	四川省	2015年	30053.1
11	四川省	2016年	32680.5
12	浙江省	2015年	42886.49
13	浙江省	2016年	46485

图 3-13　修改后的一维表

此步骤完成后，二维表转换为一维表。

3.2　数据来源

做数据分析，首先需要有数据源才能进行分析。我们可以通过以下几个渠道获得需要的数据。

- 数据库：可以从自己公司或单位的业务数据库中获取相关的数据，如公司原始 Excel 数据，Access、SqlServer、Oracle 数据库中导出数据，这是第一手也是最真实的数据。
- 公开出版物：可以通过公开出版物获取需要的数据，如查找《中国统计年鉴》、《中国社会统计年鉴》、《世界经济年鉴》等统计年鉴或报告等。为了便于对这些数据做进一步的处理，需要把找到的数据一个一个地输入到计算机中或寻找各种数据的电子版本，如从 http://tongji.cnki.net/kns55/ index.aspx 中查找四川省 2015 年进出口数字等。
- 互联网：可以从互联网上找到需要的数据，特别是各种搜索引擎可以帮我们快速找到所需的数据，如地方或国家统计局网站（http://www.stats.gov.cn）、政府机构网站、行业网站、大型综合门户网站或采用网络爬虫等技术手段自己从互联网获取海量数据。
- 市场调查：为了满足特定的需求，针对目标客户设置调查问卷等，从互联网、微信、线下等相关渠道经整理后获取相关数据。

3.3　数据导入

导入外部数据最常见的来源有三种：Excel 文件、文本文件和网站数据来源。Excel 文件直接复制粘贴即可，下面分别说明文本文件的导入及网站数据的导入方法。

3.3.1 文本文件数据导入

文本数据是比较常见的数据来源，一般以文本形式存储的数据，数据与数据之间会有固定宽度或用不同的分隔符号分隔开。假设有如图 3-14 所示文本文件数据，下面介绍如何导入 Excel 中。

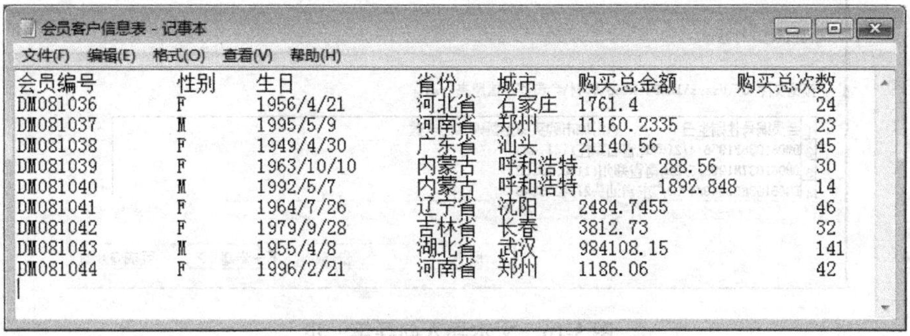

会员编号	性别	生日	省份	城市	购买总金额	购买总次数
DM081036	F	1956/4/21	河北省	石家庄	1761.4	24
DM081037	M	1995/5/9	河南省	郑州	11160.2335	23
DM081038	F	1949/4/30	广东省	汕头	21140.56	45
DM081039	F	1963/10/10	内蒙古	呼和浩特	288.56	30
DM081040	M	1992/5/7	内蒙古	呼和浩特	1892.848	14
DM081041	F	1964/7/26	辽宁省	沈阳	2484.7455	46
DM081042	F	1979/9/28	吉林省	长春	3812.73	32
DM081043	M	1955/4/8	湖北省	武汉	984108.15	141
DM081044	F	1996/2/21	河南省	郑州	1186.06	42

图 3-14　会员客户信息表文本文件

第一步：新建一个 Excel 文件，单击“数据”选项卡，选择“获取外部数据”中的“自文本”，如图 3-15 所示。

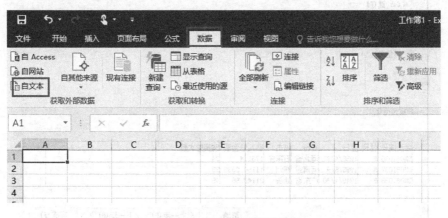

图 3-15　文本数据的引入

第二步：在弹出的对话框中选择文本文件所在的位置，选择待导入的文本文件，单击“导入”按钮，会弹出如图 3-16 所示对话框，在“原始数据类型”中选择“分隔符号”，“导入起始行”选择“1”，“文件原始格式”选择“简体中文（GB2312-80）”，设置完成后单击“下一步”按钮。

第三步：在弹出的对话框中勾选“分隔符号”为“Tab 键”及“空格”，勾选“连续分隔符号视为单个处理”，因为本次处理的文本文件中的数据是使用 Tab 键分隔或空格键分隔的。然后单击“下一步”按钮，如图 3-17 所示。

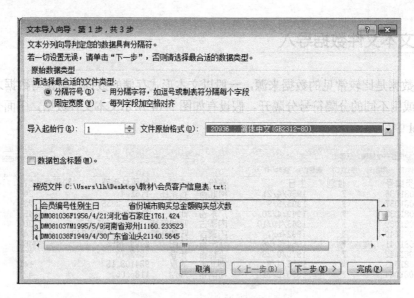

图 3-16 文本导入向导第一步

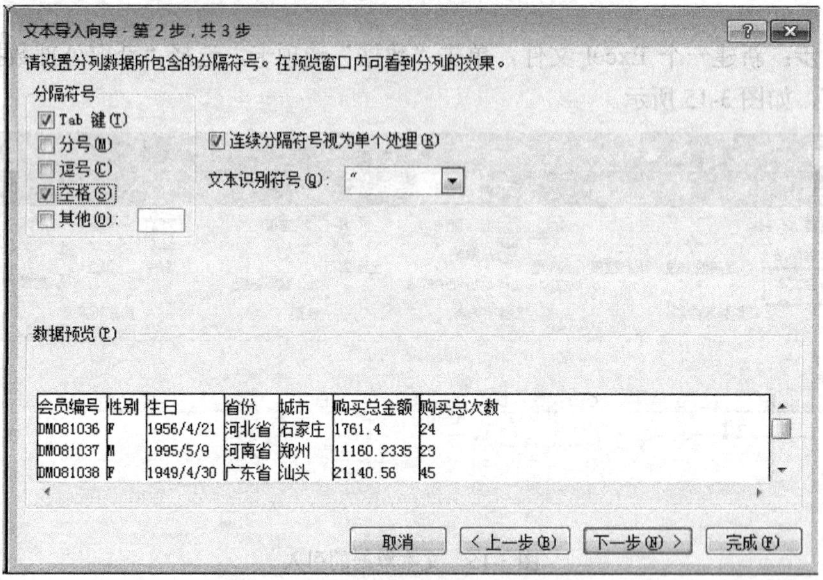

图 3-17 文本导入向导第二步

第四步：在弹出的对话框中可以设置每列的属性，如修改学号列属性为文本、姓名列属性为文本、总评列属性为文本，修改后如图 3-18 所示。

第五步：单击"完成"按钮，Excel 弹出导入数据的放置位置选项，根据需要可以选择相应的位置进行导入，本例选择现有工作表的 A1 选项，如图 3-19 所示。

第3章 数据处理

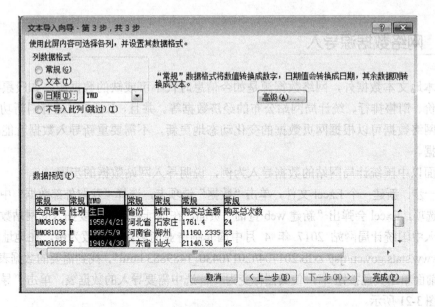

图 3-18 文本导入向导第三步

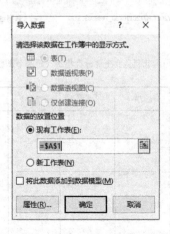

图 3-19 导入数据位置选择

第六步：单击"确定"按钮，Excel 将文本数据导入到 Excel 文件中，如图 3-20 所示。

	A	B	C	D	E	F	G
1	会员编号	性别	生日	省份	城市	购买总金额	购买总次数
2	DM081036	F	1956/4/21	河北省	石家庄	1761.4	24
3	DM081037	M	1995/5/9	河南省	郑州	11160.2335	23
4	DM081038	F	1949/4/30	广东省	汕头	21140.56	45
5	DM081039	F	1963/10/10	内蒙古	呼和浩特	288.56	30
6	DM081040	M	1992/5/7	内蒙古	呼和浩特	1892.848	14
7	DM081041	F	1964/7/26	辽宁省	沈阳	2484.7455	46
8	DM081042	F	1979/9/28	吉林省	长春	3812.73	32
9	DM081043	M	1955/4/8	湖北省	武汉	984108.15	141
10	DM081044	F	1996/2/21	河南省	郑州	1186.06	42

图 3-20 文本文件导入 Excel 后的结果

3.3.2 网络数据源导入

除本地文本数据外,网络数据源是如今信息时代不可或缺的数据源,如股票行情、产品报价、销售排行、统计局网站公布的经济数据等。并且,Excel 中还有刷新功能,即导入的网络数据可以根据网页数据的变化动态地更新,不需要重新导入数据就能获取最新的数据。

下面以中国统计局网站的数据导入为例,说明导入网站数据的步骤。

第一步:新建一个 Excel 文件,单击"数据"选项卡,选择"获取外部数据"中的"自网站"选项,Excel 会弹出"新建 web 查询"页面,在地址栏输入需要插入的网站数据。在此以导入中国统计局网站 2017 年 4 月中国非制造业商务活动指数为例,在地址栏输入"http://www.stats.gov.cn/tjsj/zxfb/201704/t20170430_1489883.html",找到需要的数据表,在数据表的前面单击黄色按钮 ➡,使其图标变为 ✓,选中需要导入的数据表,单击"导入"按钮,如图 3-21 所示。

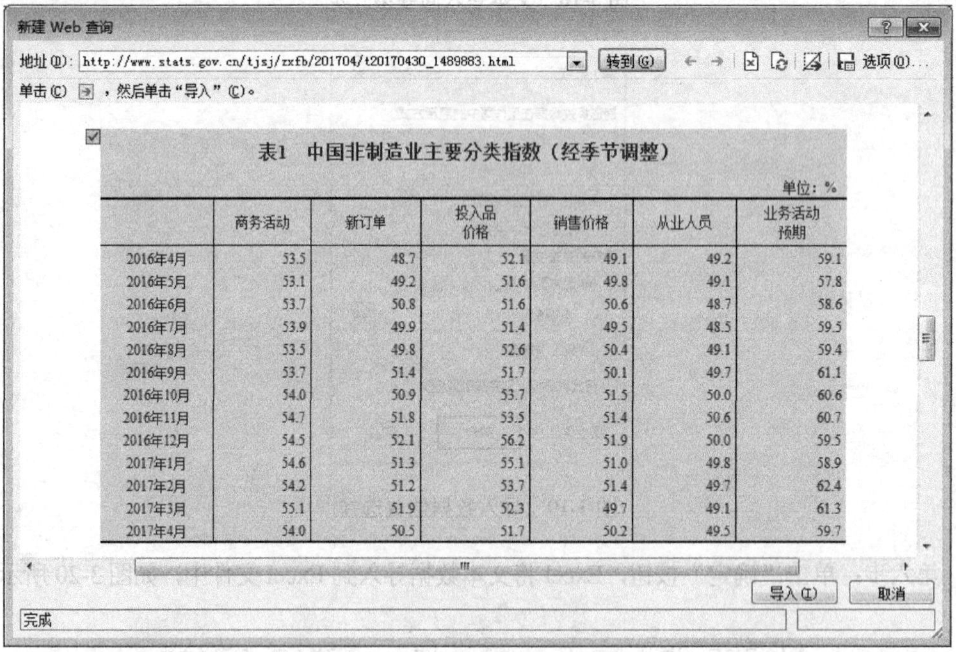

图 3-21 选定需要导入的网站数据

第二步:在弹出的对话框中选择导入数据存放的位置,此处选择"现有工作表"中的"A1"单元格,然后单击"确定"按钮,如图 3-22 所示。

网站中的数据将自动导入到 Excel 中,导入后的数据如图 3-23 所示。

第3章 数据处理

图 3-22 选择导入数据存放的位置

	A	B	C	D	E	F	G
1	表1 中国非制造业主要分类指数（经季节调整）						
2	单位：%						
3		商务活动	新订单	投入品价格	销售价格	从业人员	业务活动预期
4							
5	2016年4月	53.5	48.7	52.1	49.1	49.2	59.1
6	2016年5月	53.1	49.2	51.6	49.8	49.1	57.8
7	2016年6月	53.7	50.8	51.6	50.6	48.7	58.6
8	2016年7月	53.9	49.9	51.4	49.5	48.5	59.5
9	2016年8月	53.5	49.8	52.6	50.4	49.1	59.4
10	2016年9月	53.7	51.4	51.7	50.1	49.7	61.1
11	2016年10月	54	50.9	53.7	51.5	50	60.6
12	2016年11月	54.7	51.8	53.5	51.4	50.6	60.7
13	2016年12月	54.5	52.1	56.2	51.9	50	59.5
14	2017年1月	54.6	51.3	55.1	51	49.8	58.9
15	2017年2月	54.2	51.2	53.7	51.4	49.7	62.4
16	2017年3月	55.1	51.9	52.3	49.7	49.1	61.3
17	2017年4月	54	50.5	51.7	50.2	49.5	59.7

图 3-23 国家统计局网站数据导入

有时候网站中的数据可能更新，Excel 为数据的更新提供了三种更新方式，分别是即时刷新、定时刷新、打开文件时自动刷新。

➢ 即时刷新：单击"数据"选项卡，选择"全部刷新"或"刷新"即可，如图 3-24 所示。

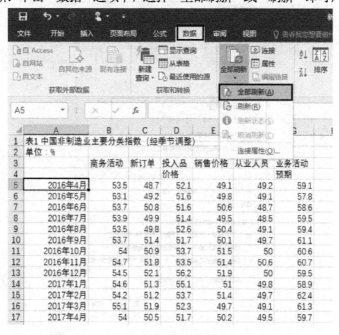

图 3-24 即时刷新

或者选择导入的外部数据所在区域中的任意一个单元格,单击鼠标右键,在弹出的快捷菜单中选择"刷新"命令,如图 3-25 所示。

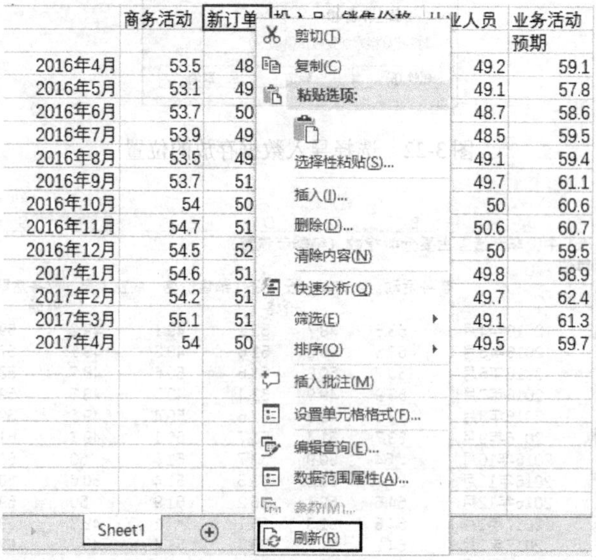

图 3-25 选择快捷命令即时刷新

➤ 定时刷新与打开文件时自动刷新:在图 3-25 中选择"数据范围属性"选项,在弹出的"外部数据区域属性"对话框中,可以勾选"刷新频率"或"打开文件时刷新数据"选项,设置定时刷新及自动更新,如图 3-26 所示。

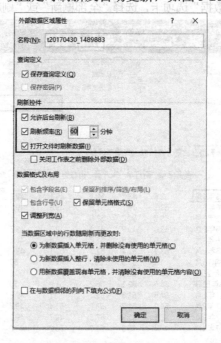

图 3-26 设置数据定时刷新与打开文件时自动刷新

当然，如果数据量不是很大，也可以使用复制粘贴的方式进行数据导入。

3.4 数据清洗

数据清洗就是将多余重复的数据筛选清除掉，将缺失的数据补充完整，将错误的数据纠正或删除。数据清洗包括三部分：清除掉不必要的重复数据、填充缺失的数据、检测逻辑错误的数据。数据清洗的目的是为后面的数据加工提供完整、简洁、正确的数据。

3.4.1 重复数据的处理

数据源得到的数据不可避免地会有很多重复的数据，下面介绍几个重复数据的处理方法。

1. 数据工具法

第一步：选定需要筛选出重复值的数据表，单击"数据"选项卡，选择"数据工具"中的"删除重复项"按钮，如图 3-27 所示。

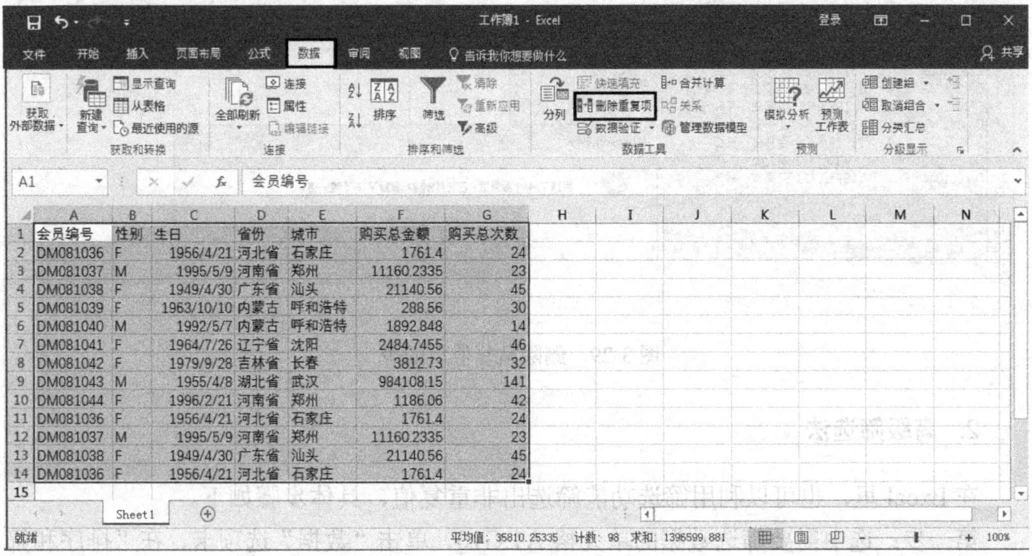

图 3-27　数据工具删除重复数据

第二步：在弹出的"删除重复项"对话框中，勾选一个或多个包含重复值的列，然后单击"确定"按钮，如图 3-28 所示。

此时会提示发现重复值的个数，并说明已经将重复的删除，单击"确定"按钮，实现重复数据的清除，如图 3-29 所示。

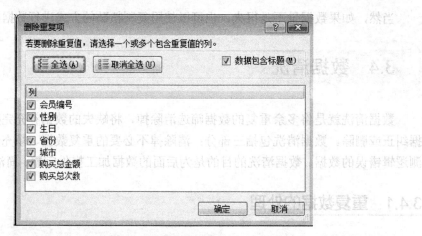

图 3-28　删除重复项

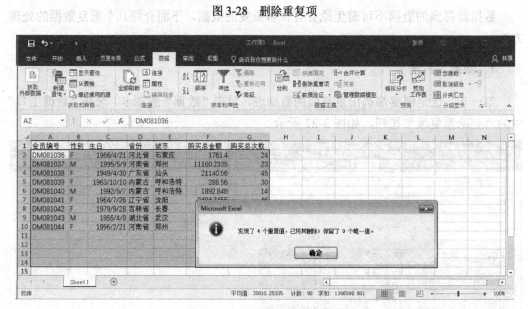

图 3-29　删除重复值后的表

2. 高级筛选法

在 Excel 里，也可以利用筛选功能筛选出非重复值，具体步骤如下。

第一步：选中需要筛选数据的单元格 A1:G10，单击"数据"选项卡，在"排序和筛选"中选择"高级"按钮，弹出"高级筛选"对话框，如图 3-30 所示。在"高级筛选"对话框的"方式"中选择"将筛选结果复制到其他位置"，"复制到"选择"A12 单元格"，勾选"选择不重复的记录"。

第二步：单击"确定"按钮，系统自动把筛选后没有重复的数据从 A12 单元格的位置开始存储。筛选后的数据如图 3-31 所示。

第3章 数据处理

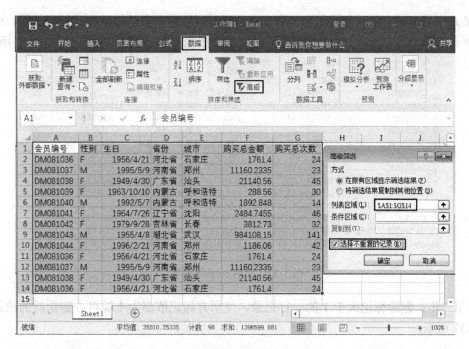

图 3-30 高级筛选

	A	B	C	D	E	F	G
1	会员编号	性别	生日	省份	城市	购买总金额	购买总次数
2	DM081036	F	1956/4/21	河北省	石家庄	1761.4	24
3	DM081037	M	1995/5/9	河南省	郑州	11160.2335	23
4	DM081038	F	1949/4/30	广东省	汕头	21140.56	45
5	DM081039	F	1963/10/10	内蒙古	呼和浩特	288.56	30
6	DM081040	M	1992/5/7	内蒙古	呼和浩特	1892.848	14
7	DM081041	F	1964/7/26	辽宁省	沈阳	2484.7455	46
8	DM081042	F	1979/9/28	吉林省	长春	3812.73	32
9	DM081043	M	1955/4/8	湖北省	武汉	984108.15	141
10	DM081044	F	1996/2/21	河南省	郑州	1186.06	42

图 3-31 筛选后的数据

3. 函数法

可以使用 COUNTIF() 函数实现重复数据的识别。COUNTIF() 函数是对指定区域中符合指定条件的单元格计数，其形式为 countif（range，criteria），其中参数 range 代表要计算的非空单元格数目的区域，参数 criteria 是以数字、表达式或文本形式定义的条件，即满足 criteria 条件的计数。

一般数据库中的数据均有一个主键，即不允许重复的键，计算主键的重复次数如果大于 1 即为重复的，删除重复的即可。

第一步：在会员编号与性别之间插入一列，在 B1 单元格输入"=COUNTIF（A:A，A2）"，然后按回车键，此时 B2 单元格里的数值是 1。单击 B2 单元格，将鼠标移动到

B2 单元格右下角，此时光标变为一个+，双击+，后继的列自动按此公式进行计算。或将 B2 单元格里的公式复制到 B2:B10 单元格，然后按回车键，完成后的效果如图 3-32 所示。

	A	B	C	D	E	F	G	H	I
1	会员编号	标记	标记公式	性别	生日	省份	城市	购买总金额	购买总次数
2	DM081036	3	=COUNTIF(A:A,A2)	F	1956/4/21	河北省	石家庄	1761.4	24
3	DM081037	2	=COUNTIF(A:A,A3)	M	1995/5/9	河南省	郑州	11160.2335	23
4	DM081038	2	=COUNTIF(A:A,A4)	F	1949/4/30	广东省	汕头	21140.56	45
5	DM081039	1	=COUNTIF(A:A,A5)	F	1963/10/10	内蒙古	呼和浩特	288.56	30
6	DM081040	1	=COUNTIF(A:A,A6)	M	1992/5/7	内蒙古	呼和浩特	1892.848	14
7	DM081041	1	=COUNTIF(A:A,A7)	F	1964/7/26	辽宁省	沈阳	2484.7455	46
8	DM081042	1	=COUNTIF(A:A,A8)	F	1979/9/28	吉林省	长春	3812.73	32
9	DM081043	1	=COUNTIF(A:A,A9)	M	1955/4/8	湖北省	武汉	984108.15	141
10	DM081044	1	=COUNTIF(A:A,A10)	F	1996/2/21	河南省	郑州	1186.06	42
11	DM081036	3	=COUNTIF(A:A,A11)	F	1956/4/21	河北省	石家庄	1761.4	24
12	DM081037	2	=COUNTIF(A:A,A12)	M	1995/5/9	河南省	郑州	11160.2335	23
13	DM081038	2	=COUNTIF(A:A,A13)	F	1949/4/30	广东省	汕头	21140.56	45
14	DM081036	3	=COUNTIF(A:A,A14)	F	1956/4/21	河北省	石家庄	1761.4	24

图 3-32　使用 countif 函数

第二步：删除标记大于 1 的一行记录，使所有标记值都为 1 即可。删除后的结果如图 3-33 所示。

	A	B	C	D	E	F	G	H	I
1	会员编号	标记	标记公式	性别	生日	省份	城市	购买总金额	购买总次数
2	DM081036	1	=COUNTIF(A:A,A2)	F	1956/4/21	河北省	石家庄	1761.4	24
3	DM081037	1	=COUNTIF(A:A,A3)	M	1995/5/9	河南省	郑州	11160.2335	23
4	DM081038	1	=COUNTIF(A:A,A4)	F	1949/4/30	广东省	汕头	21140.56	45
5	DM081039	1	=COUNTIF(A:A,A5)	F	1963/10/10	内蒙古	呼和浩特	288.56	30
6	DM081040	1	=COUNTIF(A:A,A6)	M	1992/5/7	内蒙古	呼和浩特	1892.848	14
7	DM081041	1	=COUNTIF(A:A,A7)	F	1964/7/26	辽宁省	沈阳	2484.7455	46
8	DM081042	1	=COUNTIF(A:A,A8)	F	1979/9/28	吉林省	长春	3812.73	32
9	DM081043	1	=COUNTIF(A:A,A9)	M	1955/4/8	湖北省	武汉	984108.15	141
10	DM081044	1	=COUNTIF(A:A,A10)	F	1996/2/21	河南省	郑州	1186.06	42

图 3-33　删除重复后的数据

4. 条件格式法

选定需要清除重复值的列，单击“开始”选项卡中“条件格式”下的“突出显示单元格规则”，在弹出的菜单下选择“重复值”，如图 3-34 所示，就可以把重复的数据及所在单元格标注为不同的颜色，根据需要进行删除即可。

删除重复数据有以下两种方法。

（1）通过菜单操作删除重复项。

首先选择需要删除重复数据的区域，在“数据”选项卡的“数据工具”组中，单击“删除重复项”按钮。在列区域下，选择要删除的列，单击“确定”按钮。Excel 将出现一条提示指出有多少重复值被删除，有多少唯一值被保留。

第3章 数据处理

图 3-34　条件格式法选择重复数据

（2）通过排序删除重复项。

第一步：选中所有数据，选择"数据"选项卡下的"排序和筛选"选项组，选择"升序"或"降序"排列，如图 3-35 所示。

图 3-35　排序

第二步：在弹出的"排序"对话框中，"主要关键字"选择"会员编号"，"排序依据"选择"数值"，"次序"选择"升序"排列，如图3-36所示。

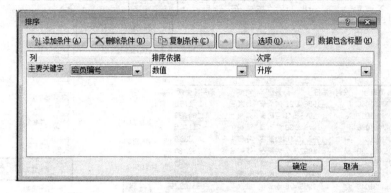

图3-36　数据排序

第三步：单击"确定"按钮，Excel自动将数据按照会员编号进行排序，完成排序后，所有重复值均连续。如图3-37所示，选择任意一行重复值进行删除即可。

	A	B	C	D	E	F	G
1	会员编号	性别	生日	省份	城市	购买总金额	购买总次数
2	DM081036	F	1956/4/21	河北省	石家庄	1761.4	24
3	DM081036	F	1956/4/21	河北省	石家庄	1761.4	24
4	DM081036	F	1956/4/21	河北省	石家庄	1761.4	24
5	DM081037	M	1995/5/9	河南省	郑州	11160.2335	23
6	DM081037	M	1995/5/9	河南省	郑州	11160.2335	23
7	DM081038	F	1949/4/30	广东省	汕头	21140.56	45
8	DM081038	F	1949/4/30	广东省	汕头	21140.56	45
9	DM081039	F	1963/10/10	内蒙古	呼和浩特	288.56	30
10	DM081040	M	1992/5/7	内蒙古	呼和浩特	1892.848	14
11	DM081041	F	1964/7/26	辽宁省	沈阳	2484.7455	46
12	DM081042	F	1979/9/28	吉林省	长春	3812.73	32
13	DM081043	M	1955/4/8	湖北省	武汉	984108.15	141
14	DM081044	F	1996/2/21	河南省	郑州	1186.06	42

图3-37　排序后的数据

3.4.2　缺失数据的处理

数据缺失是指数据在收集过程中某个或某些属性的值不完整。如果缺失值太多，说明数据收集过程中存在问题，可以接受的标准是缺失值在10%以下。缺失值产生的原因多种多样，如市场调查中被调查人拒绝回答相关问题或回答问题无效，录入人员失误，机器故障等都可能造成数据缺失。

查看数据缺失，首先应该定位缺失的数据位于单元格哪个位置。选择Excel"开始"主选项卡的"编辑"功能区，单击"查找和选择"按钮，在弹出的菜单中选择"定位条件"，打开"定位条件"对话框，单击"空值"按钮，然后单击"确定"按钮，如图3-38所示，则所有的空值都被一次性选中。

第3章　数据处理

图 3-38　定位条件

缺失数据定位后就可进行数据填充了。处理数据缺失常用的有四种方法。

（1）用一个样本统计量的值代替缺失值，最典型的做法是使用该变量的样本平均值代替缺失值。

（2）用一个统计模型计算出来的值代替缺失值。

（3）将有缺失值的记录删除，这样将导致样本量的减少。

（4）将有缺失的记录保留，只在相应的分析中做必要的排除。

对于缺失的数据，可以用查找替换的方法进行修复。假设会员信息表中有部分会员的购买总次数缺失，为了分析方便，我们用平均购买次数来填充缺失的会员购买总次数。

第一步：定位缺失的数据位于单元格哪个位置。选中购买总次数 G 列，单击"开始"菜单下"编辑"功能区的"查找和选择"按钮，在弹出的菜单中选择"定位条件"，打开"定位条件"对话框，选中"空值"，单击"确定"按钮，如图 3-39 所示。

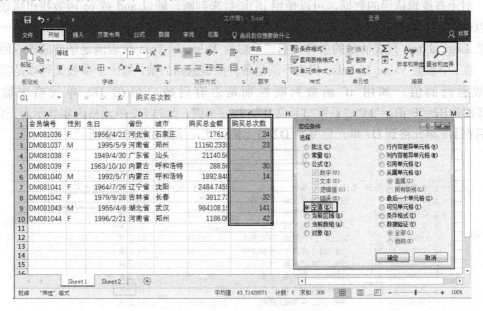

图 3-39　定位缺失数据位置

定位完成后所有缺失数据的单元格如图 3-40 所示。

	A	B	C	D	E	F	G
1	会员编号	性别	生日	省份	城市	购买总金额	购买总次数
2	DM081036	F	1956/4/21	河北省	石家庄	1761.4	24
3	DM081037	M	1995/5/9	河南省	郑州	11160.2335	23
4	DM081038		1949/4/30	广东省	汕头	21140.56	
5	DM081039	F	1963/10/10	内蒙古	呼和浩特	288.56	30
6	DM081040	M	1992/5/7	内蒙古	呼和浩特	1892.848	14
7	DM081041	F	1964/7/26	辽宁省	沈阳	2484.7455	
8	DM081042	F	1979/9/28	吉林省	长春	3812.73	32
9	DM081043	M	1955/4/8	湖北省	武汉	984108.15	141
10	DM081044	F	1996/2/21	河南省	郑州	1186.06	42

图 3-40 选中所有缺失数据单元格

第二步：单击"开始"选项卡"编辑"功能区中的"查找和选择"按钮，选择"替换"，系统会弹出"查找和替换"对话框，如图 3-41 所示，根据需要将不同的错误标识修改为需要的数据即可。

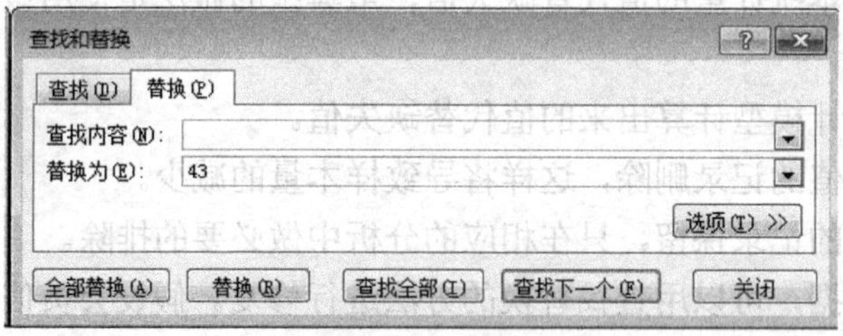

图 3-41 查找和替换

对于有逻辑错误的数据，在分析之前需要清除逻辑错误。所谓逻辑错误就是不应该取的值出现在数据表的值上。如性别栏只能是男或女，而性别栏下的数据项有其他值。

对于有逻辑错误的数据，可以使用 if() 函数来判断，辅以 and 或 or 函数找出错误并加以修改。if 函数的形式是 IF(Logical_test,Value_If_True, Value_If_False)，其中第一个参数 Logical_test 代表满足的条件，第二个参数 Value_If_True 代表满足条件应该返回的值，第三个参数 Value_If_False 代表不满足条件应该返回的值，每一个参数又可以是其他函数返回的值。如用 if 函数判断性别是否有问题，可在 H2 单元格中输入"=IF(OR(B2="F",B2="M"),"正常","异常")"，按回车键，此时 H2 单元格内容显示为正常，之后在 H3 单元格到 D7 单元格复制 D2 单元格公式，结果如图 3-42 所示。

	A	B	C	D	E	F	G	H
1	会员编号	性别	生日	省份	城市	购买总金额	购买总次数	判断性别列是否正常
2	DM081036	F	1956/4/21	河北省	石家庄	1761.4	24	正常
3	DM081037	M	1995/5/9	河南省	郑州	11160.2335	23	正常
4	DM081038	F	1949/4/30	广东省	汕头	21140.56	45	正常
5	DM081039	F	1963/10/10	内蒙古	呼和浩特	288.56	30	正常
6	DM081040	M	1992/5/7	内蒙古	呼和浩特	1892.848	14	正常
7	DM081041	F	1964/7/26	辽宁省	沈阳	2484.7455	46	正常
8	DM081042	F	1979/9/28	吉林省	长春	3812.73	32	正常
9	DM081043	N	1955/4/8	湖北省	武汉	984108.15	141	异常
10	DM081044	F	1996/2/21	河南省	郑州	1186.06	42	正常

图 3-42 用 IF() 函数判断性别是否异常

根据结果找出异常，可进行有针对性的修改。

3.5 数据加工

经过清洗后的数据，并不一定是我们想要的数据，还需要进一步对数据进行信息的提取、计算、分组、转换等加工，让它变成我们需要的数据表。

3.5.1 数据抽取

数据抽取是指保留原数据表中某些字段的部分信息，组合成一个新的字段。可以进行字段分列即截取某字段的部分信息，如抽取身份证号码中的出生年月，也可以进行字段合并即将某几个字段合并为一个新字段，也可以进行字段匹配即将原数据表中没有但其他数据表中有的字段，有效地匹配为新的字段，下面分别说明如何使用。

字段分列常用方法有两种，一种是菜单法，另一种是函数法，下面分别介绍。

1. 菜单法

第一步：选中需要分段的数据，单击"数据"选项卡，选择"分列"，在弹出的"文本分列向导"对话框中选择"分隔符号"，如图3-43所示。

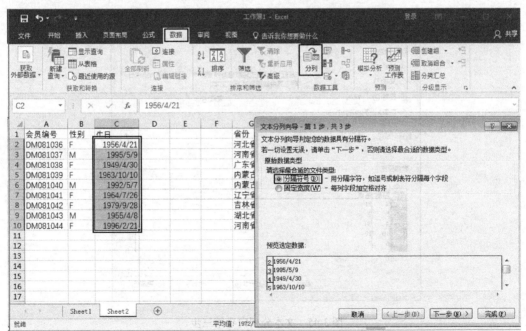

图 3-43 文本分列向导第一步

第二步：单击"下一步"按钮，系统弹出文本分列向导第二步对话框，在"分隔符号"中勾选"其他"选项,输入"/",如图3-44所示。

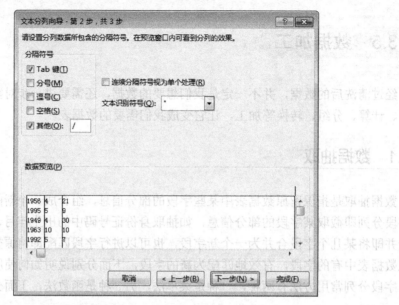

图3-44 文本分列向导第二步

第三步:单击"下一步"按钮,系统弹出文本分列向导第三步对话框,分别设置分隔后的每个列的属性,"目标区域"选择"$D$2"单元格,完成后如图3-45所示。

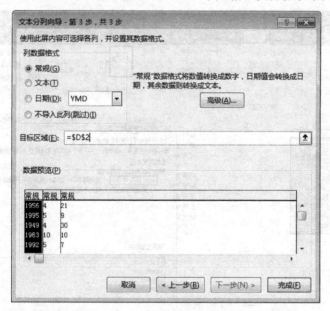

图3-45 文本分列向导第三步

单击"完成"按钮,分别在D2、E2、F2单元格输入"出生年份"、"出生月份"、"出生日期",分列完成后如图3-46所示。

	A	B	C	D	E	F	G	H	I	J
1	会员编号	性别	生日	出生年份	出生月份	出生日期	省份	城市	购买总金额	购买总次数
2	DM081036	F	1956/4/21	1956	4	21	河北省	石家庄	1761.4	24
3	DM081037	M	1995/5/9	1995	5	9	河南省	郑州	11160.2335	23
4	DM081038	F	1949/4/30	1949	4	30	广东省	汕头	21140.56	45
5	DM081039	F	1963/10/10	1963	10	10	内蒙古	呼和浩特	288.56	30
6	DM081040	M	1992/5/7	1992	5	7	内蒙古	呼和浩特	1892.848	14
7	DM081041	F	1964/7/26	1964	7	26	辽宁省	沈阳	2484.7455	46
8	DM081042	F	1979/9/28	1979	9	28	吉林省	长春	3812.73	32
9	DM081043	M	1955/4/8	1955	4	8	湖北省	武汉	984108.15	141
10	DM081044	F	1996/2/21	1996	2	21	河南省	郑州	1186.06	42

图 3-46　分列完成后的表

2. 函数法

有时需要提取特定的几个字符或提取其中的第几个字符，并且没有特定的分隔符，此时就需要借助 Excel 的 LEFT()或 RIGHT()等函数功能来实现。其中，LEFT(text, num_chars)函数：表示从 text 的左边取，取 num_chars 个字符；RIGHT(text,num_chars)函数：从 text 的右边取，取 num_chars 个字符。text 可以是字符也可以是单元格的引用，如果是单元格的引用，截取单元格里存储的内容。

如提取会员编号中的数字，从会员编号中可以看到，所有的数字在后面六位，步骤如下。

在提取会员编号的 B2 单元格中输入"=RIGHT(A2,6)"，按回车键，此时已经截取会员编号的后六位放到 B2 单元格，接着复制 B2 单元格的公式粘贴到 B3:B10 单元格中，完成后的数据如图 3-47 所示。

	A	B	C	D	E	F	G	H
	B2		fx	=RIGHT(A2,6)				
1	会员编号	提取会员编号	性别	生日	省份	城市	购买总金额	购买总次数
2	DM081036	081036	F	1956/4/21	河北省	石家庄	1761.4	24
3	DM081037	081037	M	1995/5/9	河南省	郑州	11160.2335	23
4	DM081038	081038	F	1949/4/30	广东省	汕头	21140.56	45
5	DM081039	081039	F	1963/10/10	内蒙古	呼和浩特	288.56	30
6	DM081040	081040	M	1992/5/7	内蒙古	呼和浩特	1892.848	14
7	DM081041	081041	F	1964/7/26	辽宁省	沈阳	2484.7455	46
8	DM081042	081042	F	1979/9/28	吉林省	长春	3812.73	32
9	DM081043	081043	M	1955/4/8	湖北省	武汉	984108.15	141
10	DM081044	081044	F	1996/2/21	河南省	郑州	1186.06	42

图 3-47　截取会员编号后六位

3.5.2 字段合并

字段合并是将多个字段的文字或数字合并成一个单元格，最常用的是 CONCATENATE()函数。CONCATENATE(A1,B1)函数的作用是将 A1 单元格里的内容与 B1 单元格里的内容合并到一起，如有多列合并只需在后面添加相应的单元格名称即可。如图 3-47 所示，将图上的"省份"列与"城市"列合并为"购买省份及城市"列，方法如下。

在 F2 单元格输入"=CONCATENATE(D2，E2)"，按回车键，此时将省份与城市"河北省石家庄"合并在一个单元格内。然后复制 F2 单元格中的公式到 F3:F10 中，实现省份与城市的合并，合并后的结果如图 3-48 所示。

图 3-48　CONCATENATE 函数实现字段合并

3.5.3　字段匹配

有时我们需要的数据是跨表的，这就需要用到字段匹配。常用的字段匹配函数是 VLOOKUP() 函数，VLOOKUP() 函数的作用是在表格的首列查找指定的数据，并返回指定的数据所在行中的指定列处的单元格中的内容。

VLOOKUP(lookup_value,table_array,col_index_num,range_lookup)，其中参数 lookup_value 是要在表格或区域的第一列中查找，table_array 代表查找的范围，也就是说在哪里查找，可以跨表，也可在同一个表中查找，col_index_num 为返回第二个参数 table_array 表中的第 col_index_num 列的值，range_lookup 代表是模糊查找还是精确查找，range_lookup 的值为 TRUE 代表模糊匹配，为 FALSE 代表精确匹配。

下面以具体例题讲解 VLOOKUP() 函数的使用。有会员客户信息表如图 3-49 所示、发货表如图 3-50 所示，现需要在会员信息表上插入发货表中客户的姓名，以便于对数据进行分析。

图 3-49　会员客户信息表

B2 Darren Budd

	A	B	C	D	E	F	
1	会员编号	客户名称	订单日期	订单优先级	产品类别	产品箱类型	产品名称
2	DM081036	Darren Budd	2007/12/28 0:00	Critical	Softline	Large Box	Tennsco Snap-Together (
3	DM081037	Marina Lichtenstein	2007/12/28 0:00	Not Specified	Hardline	Jumbo Drum	Hon Deluxe Fabric Uphol
4	DM081038	Dorris Love	2007/12/28 0:00	Not Specified	Softline	Wrap Bag	Rediform Wirebound "Pho
5	DM081039	Matt Collins	2007/12/28 0:00	High	Grocery	Small Pack	Memorex 4.7GB DVD+RW, 3
6	DM081040	Robert Waldorf	2007/12/28 0:00	High	Softline	Small Box	IBM Multi-Purpose Copy
7	DM081041	Jessica Myrick	2007/12/29 0:00	High	Softline	Small Box	Perma STOR-ALL™ Hanging
8	DM081042	Matt Collister	2007/12/29 0:00	Not Specified	Softline	Large Box	Safco Industrial Wire S
9	DM081043	Alan Schoenberger	2007/12/30 0:00	Low	Hardline	Jumbo Drum	Hon 4070 Series Pagoda"
10	DM081044	Elizabeth Moffitt	2007/12/30 0:00	Critical	Softline	Wrap Bag	White GlueTop Scratch F
11	DM081053	David Philippe	2007/12/30 0:00	Critical	Softline	Small Box	Avery Trapezoid Ring Bi
12	DM081054	Patrick Jones	2007/12/31 0:00	High	Hardline	Jumbo Box	Bush Advantage Collecti
13	DM081055	Larry Tron	2007/12/31 0:00	High	Hardline	Medium Box	36X48 HARDFLOOR CHAIRMA
14	DM081056	Alex Russell	2007/12/31 0:00	High	Softline	Wrap Bag	Dixon Prang® Watercolor
15	DM081057	Bill Donatelli	2007/12/31 0:00	Critical	Softline	Small Box	Xerox 4200 Series Multi
16	DM081058	Ann Steele	2007/12/31 0:00	Not Specified	Grocery	Jumbo Drum	Panasonic KX-P2130 Dot
17	DM081059	Andy Reiter	2007/12/31 0:00	Low	Grocery	Small Box	Fellowes Mobile Numeric
18	DM081060	Dave Hallsten	2008/1/1 0:00	High	Hardline	Jumbo Drum	Office Star - Professio
19	DM081061	Tamara Dahlen	2008/1/1 0:00	Critical	Softline	Small Box	Cardinal Poly Pocket Di

会员客户信息表 发货表

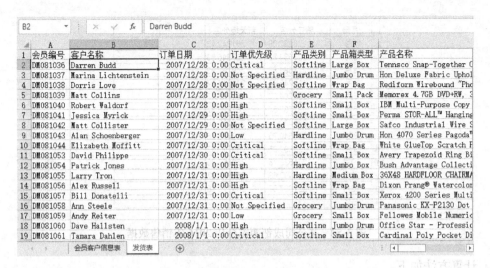

图 3-50 发货表

操作步骤如下：

在会员客户信息表的 B2 单元格中输入“=VLOOKUP(A2,发货表!A:B,2,FALSE)”，此时已经把发货表中的会员编号为 DM081038 的客户姓名 Dorris Love 引用过来。然后复制 B2 单元格，将 B3:B10 单元格进行公式的复制粘贴即可，匹配后的数据如图 3-51 所示。

B2 =VLOOKUP(A2,发货表!A:B,2,FALSE)

	A	B	C	D	E	F	G	H	I	J
1	会员编号	姓名	性别	生日	年龄	职业	省份	城市	购买总金额	购买总次数
2	DM081038	Dorris Love	F	1956/4/21	61	技术性人员	河北省	石家庄	1761.4	24
3	DM081041	Jessica Myrick	M	1995/5/9	22	服务工作人员	河南省	郑州	11160.2335	23
4	DM081043	Alan Schoenberge	F	1949/4/30	68	监督及佐理人员	广东省	汕头	21140.56	45
5	DM081054	Patrick Jones	F	1963/10/10	53	行政及主管人员	内蒙古	呼和浩特	288.56	30
6	DM081058	Ann Steele	M	1992/5/7	25	服务工作人员	内蒙古	呼和浩特	1892.848	14
7	DM081061	Tamara Dahlen	F	1964/7/26	52	服务工作人员	辽宁省	沈阳	2484.7455	46
8	DM081063	Craig Molinari	F	1979/9/28	37	行政及主管人员	吉林省	长春	3812.73	32
9	DM081055	Larry Tron	M	1955/4/8	62	家政管理	湖北省	武汉	984108.15	141
10	DM081056	Alex Russell	F	1996/2/21	21	其他	河南省	郑州	1186.06	42
11										
12										
13										

会员客户信息表 发货表

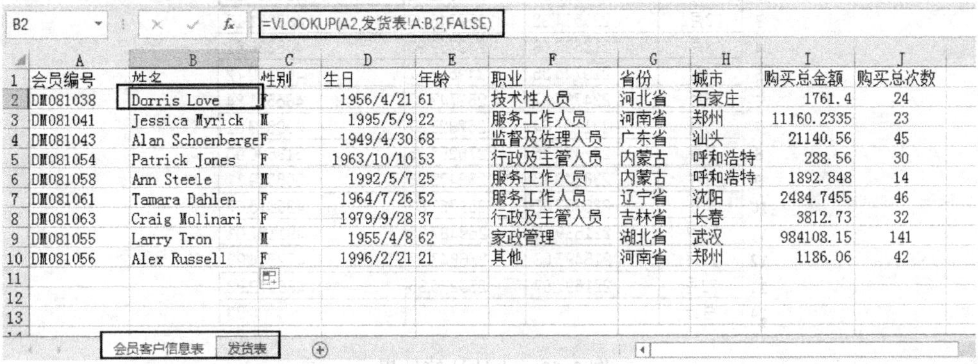

图 3-51 字段匹配结果

3.5.4 数据计算

有时数据表中的字段不能从数据源表字段直接提取出来，但是可以通过计算来实现我们的要求。

如图 3-52 所示是某公司成都两家分店 2016 年销售数据，现在想计算每个月的销售额及每个店一年的总销售额。

	A	B	C	D
1	月份	锦江分店	新天地分店	小计
2	1月	223152.25	261342.42	
3	2月	223534.32	257346.83	
4	3月	218582.68	249752.93	
5	4月	219745.35	249617.37	
6	5月	234764.37	251747.47	
7	6月	231787.64	267825.37	
8	7月	237432.75	276257.25	
9	8月	236540.75	268478.36	
10	9月	225887.85	259727.82	
11	10月	221639.75	269487.26	
12	11月	215497.63	256847.27	
13	12月	221697.57	259275.36	
14	总计			

图 3-52　某公司成都两家分店 2016 年销售数据

计算方法如下。

（1）每月小计计算：在 D2 单元格中输入"=B2+C2"，按回车键，此时将 B2 单元格与 C2 单元格中的数据相加后放在 D2 单元格。然后复制 D2 单元格，在 D3:D13 单元格中粘贴公式，结果如图 3-53 所示。

	A	B	C	D
	D2		fx	=B2+C2
1	月份	锦江分店	新天地分店	小计
2	1月	223152.25	261342.42	484494.67
3	2月	223534.32	257346.83	480881.15
4	3月	218582.68	249752.93	468335.61
5	4月	219745.35	249617.37	469362.72
6	5月	234764.37	251747.47	486511.84
7	6月	231787.64	267825.37	499613.01
8	7月	237432.75	276257.25	513690.00
9	8月	236540.75	268478.36	505019.11
10	9月	225887.85	259727.82	485615.67
11	10月	221639.75	269487.26	491127.01
12	11月	215497.63	256847.27	472344.90
13	12月	221697.57	259275.36	480972.93
14	总计			0.00

图 3-53　小计计算结果

（2）总计计算公式：如果数量太多一个一个单击计算可能会遗漏，可以使用常用函数 SUM()函数来计算每个店一年的销售总额。选中需要计算的单元格，注意最后一格需要空余，单击"开始"选项卡，选择"自动求和"按钮，在弹出的菜单中选择"求和"，Excel 自动把 B1:B13 所有单元格的和计算后放入 B14 单元格中，如图 3-54 所示。

用同样的方法计算单元格 C14 中新天地分店的总计，计算完成后的结果如图 3-55 所示。

第3章 数据处理

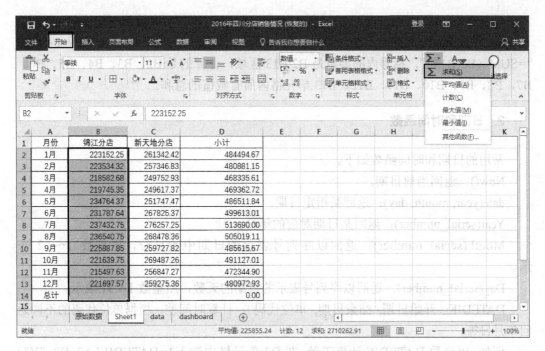

图 3-54 自动求和

图 3-55 计算结果

刚刚的总计采用的是 SUM 函数进行计算，单击 C14 单元格，可以看到 C14 中的公式是 "=SUM（C2:C13）"，如图 3-55 所示。下面介绍几个简单实用的函数。

1．平均值与总和

求平均值函数为 Average()函数，求和函数为 Sum()函数，括号内是需要计算的参数，参数可以为数字、单元格引用、区域或自己定义的名称，参数与参数之间用逗号隔开，具体形式如下：

Average(number1,number2,…)：求 number1,number2，…所有值的平均值。

Sum(number1,number2,…)：求 number1,number2,…所有值之和。例如：图 3-55 中"=SUM（B2:B13）"，括号内的参数是 B2:B13 区域，计算的是 B2、B3、B4、B5、B6、B7、B8、B9、B10、B11、B12、B13 单元格内所有数值的总和。

2. 日期和时间函数

常用的日期和时间函数如下。
Now()：返回当前日期。
date(year, mouth, day)：返回某指定日期。
Year(serial_number)：返回某日期对应的年份。
Month(serial_number)：返回以序列号表示的日期中的月份，用整数 1～12 表示。
Day(serial_number)：返回以序列号表示的日期的天数，用整数 1～31 表示。
DATEDIF（开始日期，结束日期，单位代码）：计算时间差，根据单位代码的不同返回年月日等。

例如：用函数 DATEDIF 计算工龄，在 D2 单元格中输入"=DATEDIF（A2, B2, "Y"）& "年""，其中 A2 代表开始日期，B2 代表结束日期，D2 单元格的意思是计算 2012/3/10 与 2017/5/3 年份之差，D6 单元格除了计算年份之差外还计算了月份之差，ym 代表只考虑月份之间的差距，不考虑年份，具体函数使用如图 3-56 所示。

	A	B	C	D	E
1	入职日期	现在日期	现在日期函数	工龄（年）	工龄（年）函数
2	2012/3/10	2017/5/3	=now()	5年	=DATEDIF(A2,B2,"Y") & "年"
3	2015/7/28	2017/5/3	=now()	1年	=DATEDIF(A3,B3,"Y") & "年"
4					
5				工龄（年月）	工龄（年月）函数
6				5年1月	=DATEDIF(A2,B2,"y") & "年" & DATEDIF(A2,B2,"ym") & "月"
7				1年9月	=DATEDIF(A3,B3,"y") & "年" & DATEDIF(A3,B3,"ym") & "月"

图 3-56 datedif()函数的使用

3.5.5 数据分组

所谓数据分组，就是根据数据的类别或数值的大小进行分组。Excel 实现数据分组主要用 If()函数或 VLOOKUP()函数来实现。

例如，对图 3-51 中的数据可以使用 if 语句实现分组。根据年龄来进行分组，年龄大于或等于 60 岁的为老年，大于 35 岁小于或等于 60 岁的为中年，其他为青年。具体实现步骤如下：

在 E2 单元格中输入"=IF(D2>60,"老年",IF(D2>35,"中年","青年"))"，按回车键，此时 E2 单元格显示"老年"，然后复制 E2 单元格中的公式到 E3:E10 单元格，完成后的数据如图 3-57 所示。

第3章 数据处理

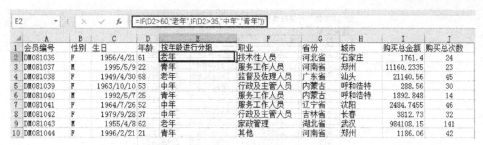

图 3-57 用 if() 函数实现分组

3.5.6 数据转换

数据转换分为数据表的行列互换和数据类型的互换。对于数据表的行列互换，有时我们需要根据表格及需求把数据的行列进行互换以达到更方便的分析目的，数据表的行列互换可以采用选择性粘贴实现，具体步骤如下。

第一步：复制需要转换的数据区域。选定需要互换的行列数据，单击鼠标右键，在弹出的菜单中选择"复制"，如图 3-58 所示。

图 3-58 选定需要复制的数据

第二步：选择一个空白单元格，单击鼠标右键，在弹出的菜单中选择"转置粘贴"即可，如图 3-59 所示。

图 3-59 转置粘贴

转置后的效果如图 3-60 所示。

2016年四川分店销售情况			
销售金额			
月份	锦江分店	新天地分店	小计
1月	223152.25	261342.42	484494.67
2月	223534.32	257346.83	480881.15
3月	218582.68	249752.93	468335.61
4月	219745.35	249617.37	469362.72
5月	234764.37	251747.47	486511.84
6月	231787.64	267825.37	499613.01
7月	237432.75	276257.25	513690.00
8月	236540.75	268478.36	505019.11
9月	225887.85	259727.82	485615.67
10月	221639.75	269487.26	491127.01
11月	215497.63	256847.27	472344.90
12月	221697.57	259275.36	480972.93
总计	2710262.91	3127705.71	5837968.62

图 3-60　转置后的效果

3.6　数据抽样

数据抽样就是从海量的数据中抽取样本。数据抽样是指从数据样本中按照随机原则选取一部分对象作为样本进行分析，以此推论总体状况的一种分析方法，在数据抽样中，常用的是 RADN 函数。

RAND()函数：返回[0,1]的均匀分布的一个随机数，而且每次计算工作表时都将重新返回一个新的值。如果要随机抽取 0～100 之间的数值，只需把随机数公式写成"=RAND()*100"即可，如果要随机抽取 50～100 之间的随机数，只需修改公式为"=RAND()*50+50"即可。

如在会员信息表中想随机抽取 5 人获得公司特别幸运奖，操作步骤如下。

第一步：复制会员列在 B1 单元格，在 A 列中生成序号。具体步骤如下：在 A2 单元格中输入 1，在 A3 中输入"=A2+1"，再将 A3 的公式复制粘贴到 A4:A21 区域，则生成不重复的序列号，如图 3-61 所示。

	A	B
1	序号	会员编号
2	1	DM081036
3	2	DM081037
4	3	DM081038
5	4	DM081039
6	5	DM081040
7	6	DM081041
8	7	DM081042
9	8	DM081043
10	9	DM081044
11	10	DM081045
12	11	DM081046
13	12	DM081047
14	13	DM081048
15	14	DM081049
16	15	DM081050
17	16	DM081051
18	17	DM081052
19	18	DM081053
20	19	DM081054
21	20	DM081055
22	21	DM081056

图 3-61　生成序号

第二步：利用 RAND()函数生成随机序列号，为方便查看，会员号取 20 个。在 D2 输入生成随机序号函数"=INT（1+RAND()*20）"，INT 函数为取整数部分函数。然后复制 D2 单元格，在 D3:D6 单元格选择粘贴公式，按回车键，此时生成 5 个随机数，如有重复的删除后重新生成即可，如图 3-62 所示。

第三步：利用 VLOOKUP()函数实现生成的随机序列号对应的会员编号。在 F2 单元格输入"=VLOOKUP(D2,A:B,2,TRUE)"，然后复制 F2 单元格内容，在 F3:F6 单元格选择粘贴公式，抽样后的数据如图 3-62 所示。

	A	B	C	D	E	F	G
1	序号	会员编号		生成随机序号	生成随机序号对应函数	随机序号对应会员编号	对应公式
2	1	DM081036		15	=INT(1+RAND()*20)	DM081050	=VLOOKUP(D2,A:B,2,FALSE)
3	2	DM081037		19	=INT(1+RAND()*20)	DM081054	=VLOOKUP(D3,A:B,2,FALSE)
4	3	DM081038		12	=INT(1+RAND()*20)	DM081047	=VLOOKUP(D4,A:B,2,FALSE)
5	4	DM081039		20	=INT(1+RAND()*20)	DM081055	=VLOOKUP(D5,A:B,2,FALSE)
6	5	DM081040		10	=INT(1+RAND()*20)	DM081045	=VLOOKUP(D6,A:B,2,FALSE)
7	6	DM081041					
8	7	DM081042					
9	8	DM081043					
10	9	DM081044					
11	10	DM081045					
12	11	DM081046					
13	12	DM081047					
14	13	DM081048					
15	14	DM081049					
16	15	DM081050					
17	16	DM081051					
18	17	DM081052					
19	18	DM081053					
20	19	DM081054					
21	20	DM081055					
22	21	DM081056					

图 3-62　生成随机序号及查询序号对应会员编号

也可以使用 INDIRECT()函数与 RANDBETWEE()函数实现随机抽取。在 C2 单元格输入"=INDIRECT("A"&RANDBETWEEN(2,21))"，然后在 C3:C5 单元格复制 C2 单元格的公式，同样可以实现数据的抽取，如图 3-63 所示。

	A	B	C	D
1	会员编号		随机抽取	随机抽取公式
2	DM081036		DM081048	=INDIRECT("A"&RANDBETWEEN(2,21))
3	DM081037		DM081042	=INDIRECT("A"&RANDBETWEEN(2,21))
4	DM081038		DM081043	=INDIRECT("A"&RANDBETWEEN(2,21))
5	DM081039		DM081043	=INDIRECT("A"&RANDBETWEEN(2,21))
6	DM081040		DM081048	=INDIRECT("A"&RANDBETWEEN(2,21))
7	DM081041		DM081043	=INDIRECT("A"&RANDBETWEEN(2,21))
8	DM081042			
9	DM081043			
10	DM081044			
11	DM081045			
12	DM081046			
13	DM081047			
14	DM081048			
15	DM081049			
16	DM081050			
17	DM081051			
18	DM081052			
19	DM081053			
20	DM081054			
21	DM081055			
22	DM081056			

图 3-63　INDIRECT()函数的使用

Excel 的常用函数如表 3-3 所示,由于篇幅所限,具体使用方法请参考相关参考书或帮助文档。

表 3-3　Excel 的常用函数

函 数 名	功　　能	用途示例
ABS	求出参数的绝对值	数据计算
AND	"与"运算,返回逻辑值,仅当有参数的结果均为逻辑"真(TRUE)"时返回逻辑"真(TRUE)",反之返回逻辑"假(FALSE)"	条件判断
AVERAGE	求出所有参数的算术平均值	数据计算
COLUMN	显示所引用单元格的列标号值	显示位置
CONCATENATE	将多个字符文本或单元格中的数据连接在一起,显示在一个单元格中	字符合并
COUNTIF	统计某个单元格区域中符合指定条件的单元格数目	条件统计
DATE	给出指定数值的日期	显示日期
DATEDIF	计算返回两个日期参数的差值	计算天数
DAY	计算参数中指定日期或引用单元格中的日期天数	计算天数
DCOUNT	返回数据库或列表的列中满足指定条件并且包含数字的单元格数目	条件统计
FREQUENCY	以一列垂直数组返回某个区域中数据的频率分布	概率计算
IF	根据对指定条件的逻辑判断的真假结果,返回相对应条件触发的计算结果	条件计算
INDEX	返回列表或数组中的元素值,此元素由行序号和列序号的索引值进行确定	数据定位
INT	将数值向下取整为最接近的整数	数据计算
ISERROR	用于测试函数式返回的数值是否有错。如果有错,该函数返回 TRUE,反之返回 FALSE	逻辑判断
LEFT	从一个文本字符串的第一个字符开始,截取指定数目的字符	截取数据
LEN	统计文本字符串中的字符数目	字符统计
MATCH	返回在指定方式下与指定数值匹配的数组中元素的相应位置	匹配位置
MAX	求出一组数中的最大值	数据计算
MID	从一个文本字符串的指定位置开始,截取指定数目的字符	字符截取
MIN	求出一组数中的最小值	数据计算
MOD	求出两数相除的余数	数据计算
MONTH	求出指定日期或引用单元格中的日期的月份	日期计算
NOW	给出当前系统日期和时间	显示日期时间

续表

函 数 名	功 能	用 途 示 例
OR	仅当所有参数值均为逻辑"假（FALSE）"时返回结果逻辑"假（FALSE）"，否则都返回逻辑"真（TRUE）"	逻辑判断
RANK	返回某一数值在一列数值中的相对于其他数值的排位	数据排序
RIGHT	从一个文本字符串的最后一个字符开始，截取指定数目的字符	字符截取
SUBTOTAL	返回列表或数据库中的分类汇总	分类汇总
SUM	求出一组数值的和	数据计算
SUMIF	计算符合指定条件的单元格区域内的数值和	条件数据计算
TEXT	根据指定的数值格式将相应的数字转换为文本形式	数值文本转换
TODAY	给出系统日期	显示日期
VALUE	将一个代表数值的文本型字符串转换为数值型	文本数值转换
VLOOKUP	在数据表的首列查找指定的数值，并由此返回数据表当前行中指定列处的数值	条件定位
WEEKDAY	给出指定日期对应的星期数	星期计算

习 题

1．结合本书第 2 章企业案例数据——2016 年四川分店销售情况表，将二维表转换为一维表。

2．任选一个网站，找出感兴趣的数据，并将数据导入 Excel。

3．结合本书第 2 章企业案例数据——发货表，清除表中所有的重复数据。

4．结合本书第 2 章企业案例数据——员工信息离职员工表，抽取出离职员工的出生年月日，并计算离职年限。

5．结合本书第 2 章企业案例数据——员工信息离职员工表，根据离职年限条件对员工工号进行分组。

6．举例说明 VLOOKUP、SUMIF 函数的使用方法。

第 4 章

数据分析方法

从前述企业背景数据以及第 3 章数据来源可知，很多企业在生产经营活动中都会产生大量的数据，通过采用合理的分析方法来对其进行有价值信息的挖掘，进而指导企业的运营和决策，对企业增强差异化竞争力和规避风险的能力具有重要影响。可以说，在当今竞争与机遇并存的数字信息化时代，数据分析的重要性越发凸显，对于数据分析知识的掌握也将成为数字时代的基本素质要求。

4.1 常用数据分析术语

在数据分析过程中，我们经常会遇到很多专业术语，如环比、同比、翻番等，在正式开始学习数据分析方法前，需要对这些专业术语进行最基本的学习。

4.1.1 平均数

一般地，对于 n 个数 x_1, x_2, $\cdots$, x_n，把 $(x_1+x_2+\cdots+x_n)\div n$ 叫作这 n 个数的算术平均数，简称平均数，记作 $\overline{X}$，读作 x 拔。公式如下：

$$平均数 = \frac{总数量和}{总份数}$$

数据分析中一般平均数表示一组数据的"平均水平"，是反映数据集中趋势的一项指标，代表总体的一般水平，掩盖了总体各单位之间的差异。

如表 4-1 所示是学生的选课数据，如何求出每个学生选课的平均成绩以及每门课程的平均成绩呢？

表 4-1　学生成绩信息表

学　号	姓　名	语　文	数　学	英　语	总　分	总　评
41600307	罗艳	63	87	79	229	良好
41600717	陈露	89	90	84	263	优秀
41600824	廖梦贞	82	90	80	252	优秀
41600940	张天臣	24	90	87	201	及格
41601016	刘浩	79	86	79	244	良好
41601103	敬兴齐	84	90	88	262	优秀

我们可以借助第 3 章的 AVERAGE()函数来进行平均值求取，每个学生的选课平均成绩如图 4-1 所示。

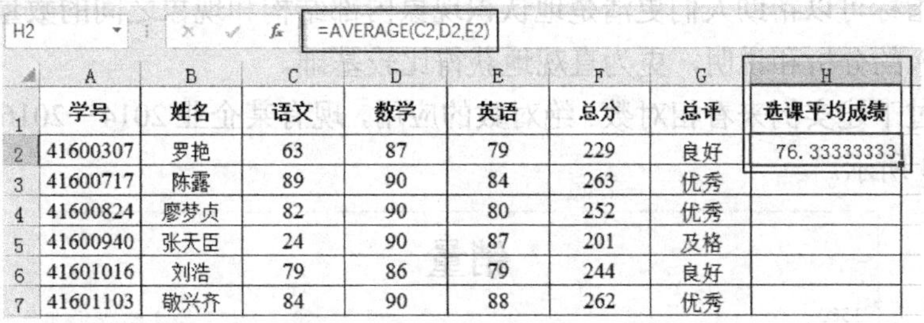
H2　=AVERAGE(C2,D2,E2)

	A	B	C	D	E	F	G	H
1	学号	姓名	语文	数学	英语	总分	总评	选课平均成绩
2	41600307	罗艳	63	87	79	229	良好	76.33333333
3	41600717	陈露	89	90	84	263	优秀	
4	41600824	廖梦贞	82	90	80	252	优秀	
5	41600940	张天臣	24	90	87	201	及格	
6	41601016	刘浩	79	86	79	244	良好	
7	41601103	敬兴齐	84	90	88	262	优秀	

图 4-1　学生选课平均成绩使用函数求法图

每门课程的平均成绩可以使用下述方法来计算得出，如图 4-2 所示。

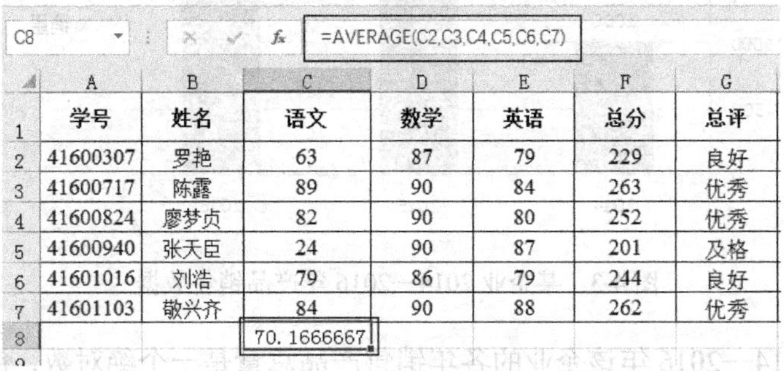
C8　=AVERAGE(C2,C3,C4,C5,C6,C7)

	A	B	C	D	E	F	G
1	学号	姓名	语文	数学	英语	总分	总评
2	41600307	罗艳	63	87	79	229	良好
3	41600717	陈露	89	90	84	263	优秀
4	41600824	廖梦贞	82	90	80	252	优秀
5	41600940	张天臣	24	90	87	201	及格
6	41601016	刘浩	79	86	79	244	良好
7	41601103	敬兴齐	84	90	88	262	优秀
8			70.1666667				

图 4-2　学生每门课程平均成绩使用函数求法图

通过求取平均成绩，可以得出各项成绩数据的一般水平。

通常在我们日常生活中提到的平均数指算术平均数，即数据的算术平均值，除了算数平均数之外，还有其他如调和平均数和几何平均数等。

4.1.2　绝对数/相对数

➢ 绝对数：反映客观现象总体在一定时间、地点条件下的总规模与总水平的综合性指标。如表 4-1，统计出该表格中学生人数为 6 人，此 6 人即为绝对数。也可以表现在一定时间、地点条件下数量的增减变化，如表 4-1 中，第一行学生的总分比第二行学生的总分低 34 分。

➢ 相对数：两个有联系的指标对比计算得到的数值，见如下计算公式。相对数一般以增值幅度、增长速度、指数、倍数、百分比等表示，用以反映客观现象之间数量联系程度的综合指标。

$$相对数=\frac{比较数值（比数）}{基础数值（基数）}$$

绝对数通常用来反映一个国家的国情和国力，一个地区或一个企业的人力、物力、财力。这个指标是进行经济合算和经济活动分析的基础，也是计算相对指标和平均指标的基础。

相对数指标可以帮助人们更清楚地认识现象内部结构和现象之间的数量关系，对现象进行更深入的分析和说明，更为直观地获得比较基础。

我们通过下述实例来看相对数、绝对数的应用，现有某企业 2014—2016 年产品销售数据如图 4-3 所示。

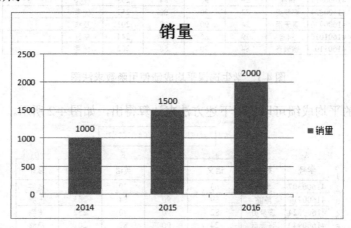

图 4-3　某企业 2014—2016 年产品销售数据

此图中，2014—2016 年该企业的各年销售产品总量是一个绝对数，包括逐年的增长量也是绝对数，如 2015 年销量比 2014 年增加 500 万件，2016 年销量比 2015 年增加 500 万件。绝对数可以集中反映该企业近 3 年的总体销售水平。

从 2014 年到 2015 年销售额增长率公式为：

$$2014 年到 2015 年销售额增长率=100\%\times\frac{2015年销量-2014年销量}{2014年销量}=50\%$$

同理，可以求得：

$$2015 年到 2016 年销售额增长率=33\%$$

此处，增长速率为一个相对数，反映销售额增长幅度水平，2016 年销售额增长幅度比 2015 年销售额增长幅度放缓。

4.1.3 百分比/百分点

> 百分比：是相对数的一种，一个数是另一个数的百分之几，也称为百分率或百分数。通常用百分号（%）表示，一般计算方法如下：

$$百分比 = \frac{数量}{总数} \times 100$$

> 百分点：是指不同时期以百分数的形式表示的相对指标的变动幅度，1%等于一个百分点。
> 百分比：是相对指标最常用的一种表现形式，百分比的分母是100，也经常用1%作为度量单位，便于比较。百分点代表的是指标变动幅度，一般与"提高了"、"上升/下降"等词搭配使用。

我们通过下述实例来看百分比和百分点的应用。国家统计局给出的我国2015、2016年国内生产总值，以及三大产业增加值数据如表4-2所示。

表4-2 2015、2016年中国GDP数据

单位：亿元

年 份	生产总值	第一产业增加值	第二产业增加值	第三产业增加值
2015	676 708	60 863	274 278	341 567
2016	744 127	63 671	296 236	384 221

从该表中，我们可以得出：

2015年第一产业增加值占国内生产总值的比重

$$= \frac{2015年第一产业增加值}{生产总值}$$

$$= \frac{60\,863}{676\,708}$$

$$= 9.0\%$$

2015年第二产业增加值占国内生产总值的比重

$$= \frac{2015年第二产业增加值}{生产总值}$$

$$= \frac{274\,278}{676\,708}$$

$$= 40.5\%$$

2015年第三产业增加值占国内生产总值的比重

$$= \frac{2015年第三产业增加值}{生产总值}$$

$$= \frac{341\,567}{676\,708}$$

$$= 50.5\%$$

同理，可以得出 2016 年三大产业增加值占国内生产总值的比重分别为 8.6%、39.8%、51.6%。

上述比重数据均为百分比值，反映了增加值占比情况。

我们也可以根据对比数据得出，第一产业增加值的比重，2016 年比 2015 年下降了 0.4 个百分点；第二产业增加值的比重，2016 年比 2015 年下降了 0.7 个百分点；第三产业增加值的比重，2016 年比 2015 年提高了 1.1 个百分点。

4.1.4　频数/频率

- 频数：一组数据中个别数据重复出现的次数。
- 频率：每组类别次数与总次数的比值。

$$频数 = 一般直接统计次数$$

$$频率 = \frac{数据出现总次数}{样本总数}$$

频数是绝对数，频率是相对数。频率是每组类别次数与总次数的比值，它代表某类别总体中出现的频繁程度，一般采用百分数表示，所有组的频率加总等于 100%。

以我们日常掷硬币为例。现有此情况，在掷了一百次硬币后，硬币有 60 次正面朝上，其余每次硬币正面均朝下，那么，硬币反面朝上的频数为 40，即在 100 次投掷中硬币反面朝上出现的次数为 40 次，也说有 60%的概率出现正面朝上情况。

4.1.5　比例/比率

- 比例：是指在总体中各部分的数值占全部数值的比重，通常反映总体的构成和结构。
- 比率：是指不同类别数值的对比，它反映的不是部分与总体的关系，而是一个整体中各部分之间的关系。

$$比例 = \frac{部分数值}{整体数值}$$

$$比率 = \frac{部分数值}{部分数值}$$

比例与比率都属于相对数。前者反映总体构成和，后者反映的是整体中各个部分之间的关系。

我们来看一个具体数据，如表 4-3 所示公司中男性、女性员工的比例是多少？男女比率呢？

表 4-3 公司职员档案

人员编码	姓　名	所属部门	性　别
01	张新意	办公室	男
02	李平	财务部	男
03	范薇	财务部	女
04	何顺	财务部	男
05	徐蒙	采购部	女
06	王一	采购部	女
07	陈宇	销售一部	男
08	徐添	销售一部	男
09	李新	销售二部	男
10	刘钰	销售二部	女
11	黄强	生产部	男
12	许多	生产部	女
13	周仓管	仓管部	男

男性员工的比例为：男性员工人数/总人数 = 8/13
女性员工的比例为：女性员工人数/总人数 = 5/13
男女比率：男性员工人数：女性员工人数 = 8：5

4.1.6 倍数/番数

> 倍数：两个数字做商，得到两个数间的倍数，一般表示数量的增长或上升幅度，但不适用于表示数量的减少或下降。
> 番数：翻几番，就是变成 2 的几次方倍。翻一番为原来数量的 2 倍，翻两番为原来数量的 4 倍。

$$倍数 = \frac{数量}{数量}$$

$$番数 = 2^n$$

倍数与番数同样属于相对数，倍数通常用一个数据除以另一个数据获得，一般用来表示上升比较。番数中也有倍数性质，只是比较的是 2 的 n 次倍。

现以图 4-4 所示的数据为例比较倍数与番数的应用场景。2013 年××公司员工人数为 107 人，年工资总额为 3 405 720.12 元。2016 年公司员工人数为 507 人，人数较 2013 年翻了两番；工资总额为 21 918 096.72 元，较 2013 年增长 5 倍，员工年收入总体提高。

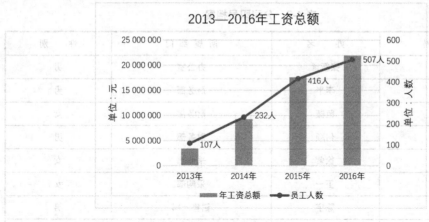

图 4-4　2013—2016 年某公司员工工资总额

4.1.7　同比/环比

> 同比：指历史同时期进行比较得到的数值，该指标主要反映的是事物发展的相对情况。例如，本期 2 月比去年 2 月，本期 6 月比去年 6 月等。

> 环比：指与前一个统计期进行比较得到的数值，该指标主要反映的是事物逐期发展的情况。如计算一年内各月与前一个月对比，即 2 月比 1 月，3 月比 2 月，4 月比 3 月……12 月比 11 月，说明逐月的发展程度。

可以采用下式类比来理解同比与环比概念：

$$同比 = \frac{2017年5月}{2016年5月}$$

$$环比 = \frac{2015年5月}{2015年4月}$$

同比、环比都是反映一个趋势走向，只是对比的阶段不同。同比和环比，这两者所反映的虽然都是变化速度，但由于采用的基期不同，其反映的内涵是完全不同的。一般来说，环比可以与环比相比较，但不能拿同比与环比相比较；而对于同一个地方，考虑时间纵向上的发展趋势，则往往要把同比与环比放在一起进行对照。

同比、环比经常会出现在很多上市公司定时公布的财务报告中，如现有某公司 2015—2016 年报告数据，如表 4-4 所示。

表 4-4　某公司 2015—2016 年各季度总收入情况表

单位：亿元

年度	第一季度	第二季度	第三季度	第四季度
2015	30	32	28	30
2016	45	50	48	51

经过数据分析，可得出：

2016 年第一季度总收入（指标数据）同比（2016 年第一季度收入与 2015 年第一季度收入比较）增长了 50%，环比增长了 50%（2016 年第一季度收入与 2015 年第四季度收入比较）；同理，2016 年第二季度总收入同比增长了 56%，环比增长了 11%。

4.2 数据基本分析方法

经过第 3 章数据处理章节的学习，相信大家已经对原始数据如何处理有了一定的认识，要想进一步对处理的数据进行有价值信息的获取，则必须对数据做进一步的分析。

要进行数据分析，首先要了解数据分析的基本方法，掌握了各种分析方法，再进行数据分析就会得心应手，接下来我们就开始学习基本的数据分析方法。在本书第 1 章中提到过数据分析方法，是从宏观角度指导如何进行数据分析，它是一个数据分析的前期规划，指导着后期数据分析工作的展开。而接下来介绍的数据分析方法是指具体的分析方法，如常见的对比分析、交叉分析、关联分析、分组分析等数据分析方法，这些分析方法都是从微观角度指导如何进行数据分析，是具体的数据分析方法。

4.2.1 对比分析法

对比分析法常见于我们日常生活的方方面面，通过对比分析，可以快速地让人分辨出事物的本质、与其他事物的差异、变化规律等，因此，它也是数据分析方法中最基本的分析方法之一。

1. 定义

对比分析法是指将两个或两个以上的数据进行对比，分析它们的差异，从而揭示这些数据所代表的事物发展变化情况和规律性，并做出正确的评价。

2. 特点

对比分析法可以非常直观地看出事物某方面的变化或差距，并且可以准确、量化地表示出这种变化或差距。在对比分析中，选择合适的对比标准是十分关键的步骤，选择得合适，才能做出客观的评价；选择不合适，评价可能得出错误的结论。

3. 分类

1）绝对数比较

利用绝对数进行对比，从而寻找差异，如某企业可以通过比较各年的多种产品的销售总额情况来确定该企业来年的各种产品的生产计划。

2）相对数比较

由两个有联系的指标对比计算得到,用以反映客观现象之间数量联系程度的综合指标,其数值表现为相对数。

4. 典型场景

1）与总体对比

将同一总体内部分参照数据指标与全部数值指标进行对比,求取比重,得出与事物性质、结构或质量相关的数据。如表4-5所示,可以通过各年比重数据得出我国60岁以上老年人的比重在逐年增长,在2015年已经达到16.1%。

表4-5 60岁以上老年人口占全国总人口比重

单位:万人、%

指标	2008年	2009年	2010年	2011年	2012年	2013年	2014年	2015年
60岁以上人口	15 989	16 714	17 765	18 499	19 390	20 243	21 242	22 200
比重	12	12.5	13.26	13.7	14.3	14.9	15.5	16.1

2）与其余部分对比

将同一总体内不同部分的数值对比,表明总体内各部分的比率关系,如人口性别比率、投资与消费比率等。实例可见表4-3所示的数据,可以得出男性员工人数与女性员工人数的比率是8:5。

3）同一时期对比

将同一时期两个性质相同的指标数值对比,说明同类现象在不同空间条件下的数量对比关系。

以表4-6所示的2016年四川分店销售情况数据对比为例,可以得出两个分店对于不同种类产品的销售情况。

表4-6 2016年四川分店销售情况数据

单位:元

指标	食品类	饮料类	日用品类	烟酒类
锦江分店	557 919.52	389 635.25	489 254.58	1 273 453.56
新天地分店	661 864.03	498 753.46	479 853.24	1 487 234.98

4）不同时期对比

将同一性质指标在不同时间点上的完成情况进行分析对比。以2016年四川分店下半年销售情况数据表（见表4-7）为例。

表4-7给出了2016年下半年四川分店的销售情况,可以看出各个月份总体销量持平,其中7月、8月是销售旺季。通过对比自身在不同时间点上的数据情况,就可以知道各个月份销售数据处于什么水平。

表 4-7　2016 年四川分店下半年销售情况数据

单位：元

指标	7月	8月	9月	10月	11月	12月
锦江分店	237 432.75	236 540.75	225 887.85	221 639.75	215 497.63	221 697.57

5）与业内对比

与行业中的标杆企业、竞争对手、行业平均水平比较，可以得知自身发展水平在行业内的位置，以确定差距和下一步目标。

如图 4-5 所示为 2015、2016 年各大手机品牌市场占有率分布图。

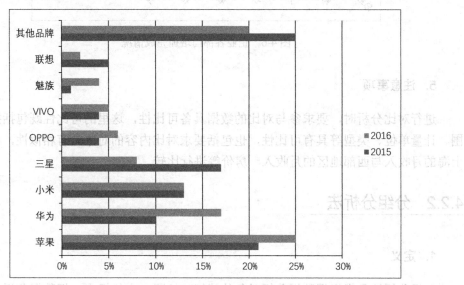

图 4-5　2015、2016 年各大手机品牌市场占有率

以华为手机为例，2016 年市场占有率较 2015 年有了较大提升，近 7 个百分点，但是与苹果手机市场占有情况相比，还有较大差距。

6）与同级对比

与同级部门、单位、地区进行对比，可以得到其在公司、集团内部或各地区处于什么位置，以确定差距和下一步目标。

如图 4-6 所示为某企业各部门培训完成情况得分对比数据。

从该图可以得出各部门培训完成情况在公司中所处的水平，是否达到目标，以进一步找出下一步发展目标和方向。

7）与预期相比

实际完成值与目标进行对比，可以确定是否完成任务。

例如，每个公司每年都有年度业绩目标，那么如何确定年终的业绩完成情况呢？可以将年终业绩与目标值进行对比，以判定是否达成目标。如果尚未到年终，则可以把目标按时间拆分再进行对比，以确定完成情况。

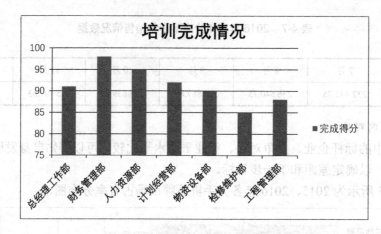

图 4-6 企业各部门培训完成情况

5. 注意事项

进行对比分析时，要求参与对比的数据具备可比性，这里的可比性既包括指标的范围、计量单位、类型等具有可比性，也包括要求对比内容的对象具有相似性，如不能拿上海的月收入与西部地区的月收入、房价等进行比较。

4.2.2 分组分析法

1. 定义

分组分析法是指根据数据分析对象的特征，按照一定的标志，把数据分析对象划分为不同的部分和类型来进行研究，以展现其内在的联系和规律。

2. 特点

把总体中具有不同性质的对象区分开，把性质相同的对象合并在一起便于对比。分组分析一般都与对比分析结合使用。

3. 分类

根据分组分析法作用的不同，分为结构分组分析法和相关关系分组分析法。结构分组分析法又可分为按品质标志分组和按数量标志分组，典型分类可以参考表 4-8。

表 4-8 分组分析法分类表

分组维度	应用场景	举 例
品质标志分组	分析现象的类型特征和规律性	将产品按照品种进行分组；将在校生按性别分组

续表

分组维度	应用场景	举例
数量标志分组	分析现象总体内部的结构及其变化	职工按工龄进行分组；工人按照产量分组
相关关系分组	可以分析社会经济现象之间的相关关系	研究成年男性体型与血压之间的关系；研究居民营养与健康状况的关系

4. 方法

先要进行科学分组，必须选择适当的分组标志。以分组标志作为分组依据的标准。统计分组的关键在于选择分组标志和划分各组界限，选择分组标志是统计分组的核心问题，因为分组标志与分组的目的有直接关系。任何一个统计总体都可以采用许多分组标志进行分组。分组时采用的分组标志不同，分组的结果及由此得出的结论也会不同。那么如何正确选择分组标志呢？

（1）要根据统计研究的目的选择分组标志，也可结合被研究事物所处的具体历史条件选择分组标志。比如，要研究的是学生学习水平的分布情况，那么分组项应该以能反映该水平的学生成绩、动手能力等为指标更合适。

（2）要确定组数和组距。

$$组数 = 1 + \frac{\lg(n)}{\lg(2)}$$

$$组距 = \frac{最大值 - 最小值}{组数}$$

（3）根据组距大小，对数据进行分析整理，划归到相应组内。

5. 分组分析案例

现有如图 4-7 所示的 2014 年 10 月至 2017 年 4 月某分店销售 60 余种产品的种类及数量信息表。由于数据较多，现只截取前 20 条，对产品销售的情况进行分组分析，可以按照下述步骤完成。

第一步：根据之前的组数计算公式进行组数计算，计算过程如表 4-9 所示。

$$组数 = 1 + \frac{\lg(n)}{\lg(2)}$$

第二步：根据前面的公式计算组距，计算过程如表 4-10 所示。

$$组距 = \frac{最大值 - 最小值}{组数}$$

为了分组方便，我们取组距为 6000。

第三步：按照第 3 章介绍的 IF 函数进行分组。

	A	B
1	种类	销售数量
2	火锅片类(盒)x2+海鲜拼盘(组)x1+综合火锅料(组)x1+调味酱料(二入)x1	42050
3	肉片类(盒)x2+肉类制品(包)x2+调味酱料(二入)x1	21209
4	综合叶菜(包)	16924
5	鲜肉类	12908
6	高级酒类(瓶)	12810
7	其他水产	12708
8	速溶咖啡(盒)	12624
9	咖啡(六入)	12608
10	综合火锅料(组)	12572
11	鱼类	12566
12	海鲜拼盘(组)	12490
13	调味薯片(六入)	8557
14	火锅片类(盒)	8526
15	烘焙食品(包)	8469
16	蛋卷(六入)x1+烘焙食品(包)x1+速溶牛奶(罐)x1	8468
17	速溶咖啡(盒)x2+冲泡茶包(盒)x2	8465
18	面条类(包)	8435
19	饼干(打)	8330
20	鱼类x1+其他水产x1+海鲜拼盘(组)x1	8230

图4-7 某分店销售产品种类及数量信息

表4-9 组数计算过程表

数 据 个 数	数据个数的对数	2 的对数	分组个数
62	1.79	0.3	7

表4-10 组距计算过程表

最 大 值	最 小 值	最大值-最小值	组 数	组 距
42 050	2152	39 898	7	5700

使用 IF 函数，IF 函数的形式是：

IF(logical_test,Value_if_true,value_if_false)

IF 公式应为：

=IF(B2<6000,"A",IF(B2<12000,"B",IF(B2<18000,"C",IF(B2<24000,"D",IF(B2<30000,"E",IF(B2<36000,"F","G"))))))

分组方法图如图4-8所示。

图4-8 某分店销售产品种类及数量分组方法图

第四步：最终得出数据分组结果，如图4-9所示。

	A	B	C
1	种类	销售数量	IF函数分级别
2	火锅片类(盒)x2+海鲜拼盘(组)x1+综合火锅料(组)x1+调味酱料(二入)x1	42050	G
3	肉片类(盒)x2+肉类制品(包)x2+调味酱料(二入)x1	21209	D
4	综合叶菜(包)	16924	C
5	鲜肉类	12908	C
6	高级酒类(瓶)	12810	C
7	其他水产	12708	C
8	速溶咖啡(盒)	12624	C
9	咖啡(六入)	12608	C
10	综合火锅料(组)	12572	C
11	鱼类	12566	C
12	海鲜拼盘(组)	12490	C
13	调味薯片(六入)	8557	B
14	火锅片类(盒)	8526	B
15	烘焙食品(包)	8469	B
16	蛋卷(六入)x1+烘焙食品(包)x1+速溶牛奶(罐)x1	8468	B
17	速溶咖啡(盒)x2+冲泡茶包(盒)x2	8465	B
18	面条类(包)	8435	B
19	饼干(打)	8330	B
20	鱼类x1+其他水产x1+海鲜拼盘(组)x1	8230	B

图 4-9　某分店销售产品种类及数量分组结果图

6. 注意事项

此分析方法必须遵循两个原则：

（1）穷尽原则，使总体中的每一个单位都应有组可归，或者说各分组的空间足以容纳总体所有的单位。

（2）互斥原则，就是在特定的分组标志下，总体中的任何一个单位只能归属于某一个组，而不能同时或可能归属于几个组。

4.2.3　平均分析法

1. 定义

平均分析法就是利用平均指标对特定现象进行分析的方法，一般用来反映总体在一定时间、地点条件下某一数量特征的一般水平。

$$平均指标 = \frac{总体各单位数值的总和}{总体单位个数}$$

2. 特点

（1）平均数是一个代表值，具有代表性，但又是一个抽象化的数值，具有抽象性。

（2）平均数的值介于最小值和最大值之间，可用来说明总体内各单位标志值的集中趋势。

3. 作用

（1）利用平均指标对比同类现象在不同地区、不同行业之间的差异程度，比用总量指标更具有说服力。

（2）利用平均指标对比某些现象在不同历史时期的变化，更能说明其发展趋势和规律。

4. 平均分析案例

现有某企业员工基本信息如图 4-10 所示，需要对该数据进行分析，给出不同部门的平均年龄值。

	A	B	C	D	E	F	G	H	I	J	K
1	工号	姓名	性别	部门	职务	婚姻状况	出生日期	年龄	进公司时间	本公司工龄	学历
2	0001	AAA1	男	管理层	总经理	已婚	1963/12/12	53	2013/01/08	4	博士
3	0002	AAA2	男	管理层	副总经理	已婚	1965/06/18	51	2013/01/08	4	硕士
4	0003	AAA3	女	管理层	副总经理	已婚	1979/10/22	37	2013/01/08	4	本科
5	0004	AAA4	男	管理层	职员	已婚	1986/11/01	30	2014/09/24	3	本科
6	0005	AAA5	女	管理层	职员	已婚	1982/08/26	34	2013/08/08	4	本科
7	0006	AAA6	女	人事部	职员	离异	1983/05/15	34	2015/11/28	1	本科
8	0007	AAA7	男	人事部	经理	已婚	1982/09/16	34	2015/03/09	2	本科
9	0008	AAA8	男	人事部	副经理	未婚	1972/03/19	45	2013/04/10	4	本科
10	0009	AAA9	男	人事部	职员	已婚	1978/05/04	39	2013/05/26	4	本科
11	0010	AAA10	男	人事部	职员	已婚	1981/06/24	35	2016/11/11	1	大专
12	0011	AAA11	女	人事部	职员	已婚	1972/12/15	44	2014/10/15	3	本科
13	0012	AAA12	女	人事部	职员	已婚	1971/08/22	45	2014/05/22	3	本科
14	0013	AAA13	男	财务部	副经理	已婚	1978/08/12	38	2014/10/12	3	本科
15	0014	AAA14	女	财务部	经理	已婚	1969/07/15	47	2013/12/21	3	本科
16	0015	AAA15	男	财务部	职员	未婚	1968/06/06	48	2015/10/18	2	本科
17	0016	AAA16	女	财务部	职员	未婚	1967/08/09	49	2016/04/28	1	本科
18	0017	AAA17	女	财务部	职员	未婚	1974/12/11	42	2016/12/27	0	本科
19	0018	AAA18	女	财务部	副经理	已婚	1971/05/24	45	2014/07/21	3	本科
20	0019	AAA19	女	信息部	经理	已婚	1980/11/16	36	2013/10/28	4	本科

图 4-10　某企业员工基本信息

第一步：按部门排序，将 Excel 表里所有的数据选中，单击上方菜单栏中的"数据"→"分类汇总"，会弹出一个对话框，如图 4-11 所示。

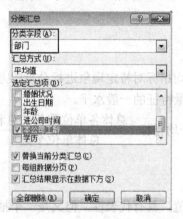

图 4-11　"分类汇总"对话框

第二步：设置分类汇总要求，"分类字段"选择为"部门"，"汇总方式"为"平均值"，"选定汇总项"为"本公司工龄"，设置完毕。

第三步：将"替换当前分类汇总"和"汇总结果显示在数据下方"勾选上，之后单击"确定"按钮可得如图 4-12 所示效果，其中"SUBTOTAL(1, J2:J6)"表示对 J2 到 J6 的数据求平均值操作。

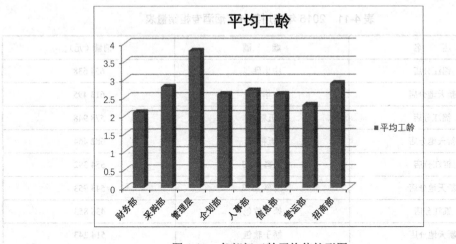

图 4-12 各部门工龄平均值

第四步：可进一步对结果数据进行适当调整，得到各个部门工龄平均值柱形图，如图 4-13 所示。

图 4-13 各部门工龄平均值柱形图

我们从各部门工龄平均值对比可知，各部门工龄差异不大，其中管理层工龄普遍高于其余各部门，营运部的工龄相对其他部门人员要少，符合一般企业任职规律。

5. 注意事项

平均指标可用于同一现象在不同地区、不同部门或单位间的对比，还可用于同一现象在不同时间的对比。如分析不同行业、地区的平均从业人数、平均营业收入等。所有数量指标都可以依据不同的分组用单位数来平均，进行对比、分析。

4.2.4 交叉分析法

1. 定义

同时将两个有一定联系的变量及其值交叉排列在一张表内,使各变量值成为不同变量的交叉节点,一般用二维交叉分析法。

2. 特点

通常用于分析两个变量之间的关系,如各个报纸阅读和年龄之间的关系。实际使用中通常把这个概念推广到行变量和列变量之间的关系,这样行变量可能由多个变量组成,列变量也可能有多个变量,甚至可以只有行变量没有列变量,或者只有列变量没有行变量。

3. 交叉分析案例

1)典型案例 1

现有 2016 年四川某分店烟酒专柜销量如表 4-11 所示,可以通过交叉分析法明确得到多种销量数据。

表 4-11 2016 年四川某分店烟酒专柜销量表

店 名	烟 酒	销量(元)
锦江分店	中华硬包	654 638
新天地分店	中华硬包	613 495
锦江分店	五粮液	578 948
新天地分店	五粮液	682 464
锦江分店	国窖 1573	554 392
新天地分店	国窖 1573	543 953
锦江分店	娇子软包	436 853
新天地分店	娇子软包	514 243
锦江分店	五粮春	368 532
新天地分店	五粮春	483 422

可以对表 4-11 进行交叉分析,得到交叉表如图 4-14 所示。

分店	国窖1573	娇子软包	五粮春	五粮液	中华硬包	行总计
锦江分店	554392	436853	368532 D	578948	654638	2593363 B
新天地分店	543953	514243	483422	682464	613495	2837577
列总计	1098345	951096	851954	1261412	1268133	5430940
			C			A

图 4-14 2016 年四川某分店烟酒专柜销量交叉表示例

通过交叉表，我们可以很容易得出如下结果：

A 统计的是所有分店的所有烟酒销量；B 统计的是锦江分店的所有烟酒销量，B 单元格的下方单元格对应新天地分店所有烟酒总销量；C 统计的是两个分店所有娇子软包的总销量，同一行其余单元格代表的是其余烟酒种类的分项销量；D 统计的是新天地分店五粮春的销量。

2）典型案例 2

某保险公司对影响保户开车事故率的因素进行调研,并对各种因素进行了交叉分析,如表 4-12 所示为事故率表。

表 4-12 驾驶员事故率表

类　别	占　比
无事故	61%
至少有一次事故	39%

从表 4-12 中可以看出，有 61% 的保险户在开车过程中从未出现过事故。然后在性别基础上分解这个信息，判断是否在男女驾车者之间有差别，如表 4-13 所示。

表 4-13 男女驾驶员事故率表

类　别	男性占比	女性占比
无事故	56	66
至少有一次事故	44	34

这个结果表明，男性驾驶员事故率要高于女性，人们会提出这样的疑问而否定上述判断的正确性，即男性的事故多，是因为他们驾驶的路程较长。这样就引出第三个因素"驾驶距离"，进一步交叉分析，如表 4-14 所示。

表 4-14 基于驾驶距离男女驾驶员事故率表

类　别	男性占比		女性占比	
驾驶距离	>1万千米	<1万千米	>1万千米	<1万千米
无事故	51	73	50	73
至少有一次事故	49	27	50	27

通过交叉分析结果可知，驾驶者的高事故率是由于他们的驾驶距离较长，但并没有证明男士和女士哪个驾驶得更好或更谨慎，仅证明了驾车事故率与驾驶距离成正比，而与驾驶者的性别无关。

4.2.5 漏斗图法

1. 定义

漏斗图法是一个适合业务流程比较规范、周期比较长、各环节流程涉及复杂业务比较多的分析法。

2. 特点

（1）漏斗图是对业务流程最直观的一种表现形式，并且也最能说明问题的所在。通过漏斗图可以快速发现业务流程中存在问题的环节。

（2）直观展示两端数据，了解目标数据：在用于对网站中关键路径转换率分析时，漏斗图是端到端的重要部分，前面是流量导入端，即多少访客访问了网站，后面是流量产生收益端，指在访问网站的访客中有多少人给网站带来了收益。

（3）提高业务的转化率：可以在不增加现有营销投入的情况下，通过优化业务流程来提高访客购买率，进而提高访客的价值，并且这种提高的效果是非常明显的。

（4）提高访客的价值，提高最终的转化率（一般是购买率）：在现有访客数量不变的情况下，提高单个访客的价值，即可以提高网站的总收益。

3. 分析步骤

（1）数据信息的收集及汇总：定期在数据库上执行特定查询，获得所需信息，进行分析汇总；或是建立监控界面，实时显示这些分析数据。

（2）确定基线：确定基线是数据分析的第一步。可以通过收集长期数据来确定基线，以防止意外数据波动的影响。

（3）在漏斗中选择需要改进的层次：观察基线数据，对于用户流失比例高的层次需要考虑进行改进；如果数据比例比较正常，则可以考虑从漏斗顶部开始优化，直至优化持续一段时间后保持稳定状态。

（4）改进层次分析并对设计进行优化：原则是让每次的改动尽量少，以便准备评估改进点的效果。

（5）与基线比较，衡量改动。改进之后，重新收集相关数据。为积累足够的访问量，收集过程需要相当时间。获得的数据能清楚地表明改动的效果：若改动后用户流失比原来小了，那就说明改动成功；反之则需重新考虑设计。

（6）重复上述步骤。

4. 漏斗图法案例

如表 4-15 所示，通过比较能充分展示用户从进入网站到实现购买的最终转化率。从

图 4-15 中我们可分析得知：

表 4-15　某网站的客户转化率统计数据

环　节	占 位 数 据	人　数	环节转化率	总体转化率
浏览商品	0	1000	100%	100%
放入购物车	300	400	40%	40%
生成订单	400	200	50%	20%
支付订单	425	150	75%	15%
完成交易	445	110	73%	11%

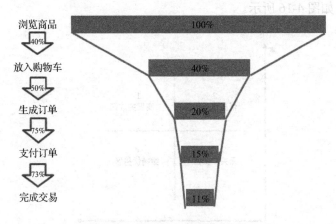

图 4-15　网站转化率（漏斗图）

（1）从"浏览商品"到"放入购物车""漏"了 60%，此步的流失最多，也是用户购买过程中最重要的一步，商家可以考虑通过采取多种措施提高用户添加商品到购物车的转化率，如界面优化、同店购物满多少金额进行折扣等。

（2）从"放入购物车"到"生成订单"又"漏"了 50%，此数据需要特别关注，有必要分析此过程还有可能有哪些其他因素导致流失数据。

（3）从"生成订单"到"支付订单"又"漏"了 25%，这个数据需要进一步分析：用户已经生成订单了，还有哪些因素导致之后放弃了支付？与支付方式是否便利、运费等是否有关系……这些问题都可以通过漏斗图直观反映出来。

（4）从"支付订单"到"完成交易"还"漏"掉了 27%，最后环节出的问题说明用户是确实有购买意向的，但是为什么后来没有完成支付整个过程呢？与支付渠道、网站是否稳定有直接关系吗？这些都可以通过进一步调查统计出来，以确保更少的数据流失。

4.2.6 矩阵关联分析法

1. 定义

矩阵关联分析法是指将事物（产品、服务等）的两个重要属性（指标）作为分析的依据，进行关联分析，并找出解决问题的办法。

2. 分析方法

以属性 A 为横轴，属性 B 为纵轴，按某一标准进行划分，构成 4 个象限，将要分析的每个事物对应投射至这 4 个象限内，进行交叉分类分析，可得到每一个事物在这两个属性上的表现，如图 4-16 所示。

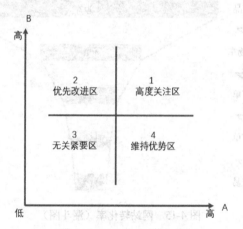

图 4-16 矩阵关联分析法象限图

针对用户满意度研究，一般会使用此矩阵关系分析法，上图中属性"A"为"满意度"属性，属性 B 则为"重要性"属性。

一象限是高度关注区，标志着用户对此服务满意度与其重要性成比例的高，公司应继续保持并给予支持。

二象限是优先改进区，标志着用户对公司提供此服务的满意程度低于他们认为此方面服务的重要程度，公司对该服务进行改进可事半功倍。

三象限是无关紧要区，标志着用户对此服务的满意度与其重要性成比例的低，公司若在此服务大量投入资源将事倍功半，得不偿失。

四象限是维持优势区，标志着资源在此服务投入过度，公司投入了过多时间、资金、资源，超出了用户期望，如果可能，公司应该把此服务投入的过多资源转移至其他更重要的服务方面，尤其是二象限的服务。

矩阵关联分析法在解决问题和分配资源时，为决策者提供重要的参考依据。先解决主要矛盾，再解决次要矛盾，有利于提高工作效率，并将资源分配到最能产生绩效的部门、工作中，有利于管理决策者进行资源优化配置。

3. 发展矩阵

发展矩阵在简单矩阵分析法的基础上增加了发展趋势，直观地表现出之前每个指标所处的位置，现在处于何种位置，甚至便于预测将来向何方向发展。如下例，四川某销售分店欲对 2014—2016 年各方面满意度情况的变化进行分析，可以依照图 4-17 所示数据进行发展矩阵的绘制分析，如图 4-18 所示。

	A	B	C	D
1	指标	年份	满意度	重要性
2	产品质量	2014	1.3	3.2
3		2015	1.6	3.6
4		2016	1.7	3.4
5	售后服务	2014	2.3	2.1
6		2015	2.1	1.8
7		2016	1.8	1.6
8	业务服务	2014	3.2	3.6
9		2015	3.5	3.5
10		2016	3.9	3.2
11	物流公司服务	2014	2.6	1.3
12		2015	2.8	1.4
13		2016	2.5	1.5

图 4-17　四川某销售分店 2014—2016 年满意度数据

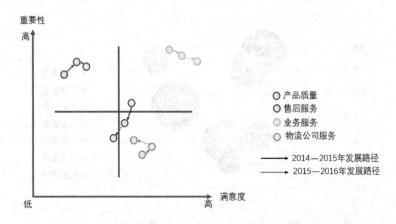

图 4-18　四川某销售分店 2014—2016 年满意度发展矩阵

从图 4-18 中可以非常直观地了解到之前每个业务指标在用户评价中处于什么位置，如何支持决策者进行改进。

4. 气泡矩阵

在简单矩阵分析法原有的两个指标基础上增加一个指标维度，也就是说可以同时表现待分析主体的 3 项指标。由于第三个指标一般是用图例（气泡）的大小来展示的，因此也叫气泡矩阵。

在上述例子中，图中气泡面积的大小代表着改进的难易程度，气泡越大，代表着改进程度越难；气泡越小，代表着改进程度越容易。

在此气泡矩阵中可快速准确地确定改进的先后次序，为企业进行短板改进提供有效的决策依据。

如下例，四川某销售分店对2014—2016年销售数据及客户满意度评价数据分析后，准备对企业的较多短板进行改进，但考虑到企业拥有的人力、物力等资源的限制，只能优先集中对某些短板进行改进。于是，企业通过集合多位专家对各个指标进行难易度评价，最后综合各专家的评价得出改进难度系数表，如表4-16所示。

表4-16 2014—2016年四川某销售分店短板改进难度系数表

指标	产品质量	售后服务	业务服务	物流服务	广告宣传	门店维修	优惠措施
重要性	3.4	1.6	3.2	1.5	2.24	1	3
满意度	1.7	1.8	3.9	2.5	3.5	2.4	2
改进难易程度	1.4	0.6	0.5	1.3	1.7	0.3	1

我们以满意度为横轴，以重要性为纵轴，改进难易程度用气泡代表，最终可以得出如图4-19所示的气泡图。

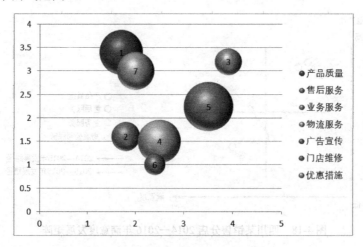

图4-19 2014—2016年四川某销售分店改进难易气泡矩阵

注：此处为了便于区分各指标项，在气泡上标注了指标对应序号。1—产品质量，2—售后服务，3—业务服务，4—物流服务，5—广告宣传，6—门店维修，7—优惠措施。

通过改进难易气泡矩阵我们能够非常直观地看出企业服务质量竞争的优势和劣势分别是什么，从而可以有针对性地确定企业服务质量管理工作的重点。可以重点关注落在第二象限优先改进区的指标——产品质量和优惠措施，企业可以先选择改进难度低一点的短板进行改进——集中精力改进优惠措施短板，然后再改进产品质量短板问题。

4.3 数据分析工具——数据透视表

前面介绍了常用的数据分析方法,接下来看看如何用数据分析工具——数据透视表来实现数据分析。

4.3.1 基本概念

数据透视表是一种可以快速汇总、分析大量数据表格的交互式工具,使用该工具可以按照数据表格的不同字段从多个角度进行透视,并建立交叉表格,用以查看数据表格不同层面的汇总信息、分析结果及摘要数据。

数据透视表有机地综合了数据排序、筛选、分类汇总等数据处理分析功能,使用数据透视表可以深入分析数值数据,帮助用户发现关键数据,并做出有关企业中关键数据的决策。因此,数据透视表是最常用、功能最全的 Excel 数据分析工具之一。

在数据透视表中,经常会使用一些专业术语,可以参照表 4-17 来了解这些术语的含义。

表 4-17 数据透视表常用术语

术 语	说 明
透视	通过定位一个或多个字段来重新排列数据透视表
坐标轴	数据透视表的行、列、分页
概要函数	数据透视表使用的函数,如 COUNT、SUM、AVERAGE 等
字段	源数据表(工作表)中每列的标题为一个字段名,在数据透视表中可以通过拖动字段名来修改和设置数据透视表

4.3.2 创建方法

现在以第 2 章企业案例中一家在全国有连锁社区超市的企业销量数据为例讲解简易的数据透视表的创建分析方法。该超市 2016 年分店的销售情况如表 4-18 所示。

表 4-18 某超市 2016 年分店销售数据表

店 名	种 类	金额(元)
锦江分店	食品类	557 919.5
锦江分店	饮料类	389 635.3
锦江分店	日用品类	489 254.6
锦江分店	烟酒类	1 273 454

续表

店　　名	种　　类	金额（元）
新天地分店	烟酒类	1 487 235
新天地分店	食品类	661 864
新天地分店	饮料类	498 753.5
新天地分店	日用品类	479 853.2

第一步：选择要分析的数据源位置（本表格中为 A1～C9），单击"插入"选项卡，在选项卡"表格"功能组中单击"数据透视表"按钮，在弹出的"创建数据透视表"对话框的"选择一个表或区域"中选择数据源单元格范围"分店销售数据!$A$1:$C$9"，如图 4-20 所示。

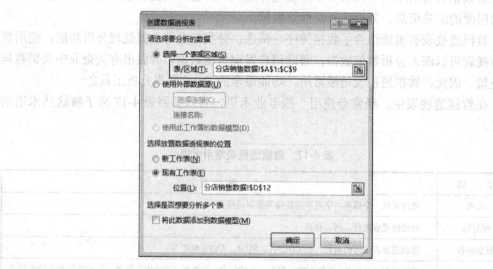

图 4-20　创建数据透视表步骤 1

注意：此处的表/区域的内容使用$表示数据源的绝对引用，上述区域中$A$1:$C$9 对应的是工作表中 A1 到 C9 的区域，此时 A1. C9 称为相对路径，$A$1 则是绝对路径。

第二步：选择放置数据透视表的位置。由于本案例数据量不大，因此，在"创建数据透视表"对话框的"选择放置数据透视表的位置"中选定"现有工作表"，如图 4-21 所示。如果数据源较大，可以选择新建工作表。

第三步：明确下述数据透视表布局中的内容。

➢ 行标签：拖放到行中的数据字段，该字段中的第一个数据项将占据透视表的一行。

➢ 列标签：与行对应，放置在列中的字段，该字段中的每个项将占一列。

➢ 报表筛选：行和列相当于 X 轴和 Y 轴，由它们确定一个二维表格，页则相当于 Z 轴。拖放在页中的字段，Excel 将按该字段的数据项对透视表进行分页。

➢ 数值：进行求和。

第4章 数据分析方法

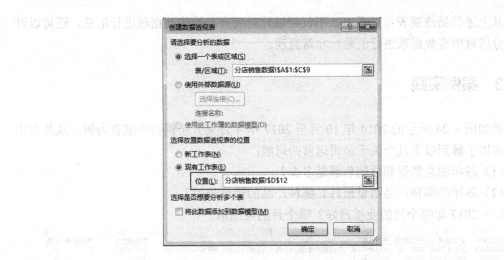

图 4-21 创建数据透视表步骤 2

继第一步后,可以指定位置 F5 为起始位置创建一个空白的数据透视表框架,将"种类"字段拖曳到"列标签"框中,"店名"字段拖曳到"行标签"框中,"金额"字段拖曳到"数值"框中进行求和汇总,如图 4-22 所示。

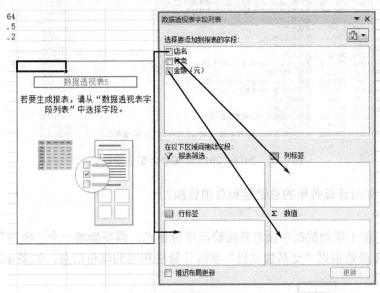

图 4-22 创建数据透视表步骤 3

第四步:最终创建的数据透视表如图 4-23 所示。

求和项:金额(元)	列标签				
行标签	日用品类	食品类	烟酒类	饮料类	总计
锦江分店	489254.58	557919.52	1273453.56	389635.25	2710262.91
新天地分店	479853.24	661864.03	1487234.98	498753.46	3127705.71
总计	969107.82	1219783.55	2760688.54	888388.71	5837968.62

图 4-23 创建数据透视表结果

79

从上述数据透视表可以看出，不仅可以针对所有分类的数据项进行汇总，还可以针对各分店对所有数据项进行汇总，非常直观。

4.3.3 案例实践

以如图 4-24 所示的 2014 年 10 月至 2017 年 4 月某分店销售明细表为例，从此表中我们可以了解到以下几个关于公司运营的问题：

（1）各年的总销量和总销售额是多少？

（2）各年的哪种产品销量最好？哪种产品的销量最差？

（3）2017 年哪个月的业绩最好？哪个月的业绩最差？

	A	B	C	D	E	G	H
1	会员编号	交易编号	产品编号	产品名称	交易建立日	产品数量	金额
2	DM101364	BEN-111665	CBN-002	火锅片类(盒)x2+海鲜拼盘(组)x1+综合火锅料(组)x1+调味酱料(二入)x1	2017/4/2	1	180
3	DM101364	BEN-111665	P0036	综合叶菜(包)	2017/4/2	1	23
4	DM101364	BEN-111665	P0042	鲜肉类	2017/4/2	1	38
5	DM101364	BEN-111665	CBN-013	蛋卷(六入)x1+烘焙食品(包)x1+速溶牛奶(罐)x1	2017/4/2	3	147
6	DM101364	BEN-111665	CBN-005	肉片类(盒)x2+肉类制品(包)x2+调味酱料(二入)x1	2017/4/2	1	150
7	DM101364	BEN-111665	P0008	口香糖(盒)	2017/4/2	2	18
8	DM101364	BEN-111666	CBN-013	蛋卷(六入)x1+烘焙食品(包)x1+速溶牛奶(罐)x1	2017/4/19	4	196
9	DM101364	BEN-111666	CBN-011	综合叶菜(包)x1+根茎类(包)x1+瓜果类(包)x1	2017/4/19	2	100
10	DM101364	BEN-111666	P0014	其他休闲食品(包)	2017/4/19	1	14
11	DM101364	BEN-111666	P0036	综合叶菜(包)	2017/4/19	1	23
12	DM101364	BEN-111666	CBN-001	巧克力(盒)x1+泡芙(打)x1+调味薯片(六入)x1	2017/4/19	1	60
13	DM099836	BEN-111667	P0030	面条类(包)	2017/1/31	1	11
14	DM099836	BEN-111667	CBN-005	肉片类(盒)x2+肉类制品(包)x2+调味酱料(二入)x1	2017/1/31	1	150
15	DM099836	BEN-111667	CBN-005	肉片类(盒)x2+肉类制品(包)x2+调味酱料(二入)x1	2017/1/31	3	450
16	DM099836	BEN-111667	P0001	调味薯片(六入)	2017/1/31	1	18
17	DM099836	BEN-111667	P0045	其他水产	2017/1/31	3	93
18	DM099905	BEN-111668	P0013	烘焙食品(包)	2017/2/2	1	9.9
19	DM099905	BEN-111668	P0013	烘焙食品(包)	2017/2/2	3	29.7
20	DM099905	BEN-111668	P0045	其他水产	2017/2/2	2	62
21	DM099905	BEN-111668	CBN-008	蛋卷(六入)x1+米果(包)x1+饼干(打)x1+泡芙(打)x1	2017/2/2	3	210
22	DM099984	BEN-111669	P0034	综合火锅料(组)	2017/2/6	2	90
23	DM099984	BEN-111669	CBN-013	蛋卷(六入)x1+烘焙食品(包)x1+速溶牛奶(罐)x1	2017/2/6	1	49
24	DM099984	BEN-111669	CBN-012	速溶咖啡(盒)x2+冲泡茶包(盒)x2	2017/2/6	3	240
25	DM099984	BEN-111669	P0046	海鲜拼盘(组)	2017/2/6	3	147
26	DM100516	BEN-111670	P0032	速溶咖啡(盒)	2017/4/12	1	23
27	DM100516	BEN-111670	CBN-006	鱼类x1+其他水产x1+海鲜拼盘(组)x1	2017/4/12	1	110
28	DM100516	BEN-111670	P0004	饼干(打)	2017/4/12	1	15
29	DM100516	BEN-111670	CBN-002	火锅片类(盒)x2+海鲜拼盘(组)x1+综合火锅料(组)x1+调味酱料(二入)x1	2017/4/12	1	180

图 4-24　2014—2017 年某分店销售明细表

问题 1：如何计算各年的总销量和总销售额？

步骤如下。

第一步：由于原始数据中没有直接给出年份信息，需要新增一个“年份”字段，可以利用 YEAR 函数根据“交易建立日”字段计算出相应的年份信息，如图 4-25 所示。

J2　=YEAR(E:E)

	A	B	C	D	E	G	H	I
1	会员编号	交易编号	产品编号	产品名称	交易建立日	产品数量	金额	年份
2	DM101364	BEN-111665	CBN-002	火锅片类(盒)x2+海鲜拼盘(组)x1+综合火锅料(组)x1+调味酱料(二入)x1	2017/4/2	1	180	2017
3	DM101364	BEN-111665	P0036	综合叶菜(包)	2017/4/2	1	23	2017
4	DM101364	BEN-111665	P0042	鲜肉类	2017/4/2	1	38	2017
5	DM101364	BEN-111665	CBN-013	蛋卷(六入)x1+烘焙食品(包)x1+速溶牛奶(罐)x1	2017/4/2	3	147	2017
6	DM101364	BEN-111665	CBN-005	肉片类(盒)x2+肉类制品(包)x2+调味酱料(二入)x1	2017/4/2	1	150	2017
7	DM101364	BEN-111665	P0008	口香糖(盒)	2017/4/2	2	18	2017
8	DM101364	BEN-111666	CBN-013	蛋卷(六入)x1+烘焙食品(包)x1+速溶牛奶(罐)x1	2017/4/19	4	196	2017
9	DM101364	BEN-111666	CBN-011	综合叶菜(包)x1+根茎类(包)x1+瓜果类(包)x1	2017/4/19	2	100	2017
10	DM101364	BEN-111666	P0014	其他休闲食品(包)	2017/4/19	1	14	2017
11	DM101364	BEN-111666	P0036	综合叶菜(包)	2017/4/19	1	23	2017
12	DM101364	BEN-111666	CBN-001	巧克力(盒)x1+泡芙(打)x1+调味薯片(六入)x1	2017/4/19	1	60	2017
13	DM099836	BEN-111667	P0030	面条类(包)	2017/1/31	1	11	2017
14	DM099836	BEN-111667	CBN-005	肉片类(盒)x2+肉类制品(包)x2+调味酱料(二入)x1	2017/1/31	1	150	2017

图 4-25　在表中添加“年份”字段示例

第二步：选定所有的数据内容，然后选择"插入"→"数据透视表"命令，存放位置选择"新工作表"，创建空白数据透视表框架。

第三步：按照下述方法设置好相关的字段位置，将"年份"字段拖至筛选区域，将"产品数量"和"金额"拖至数值汇总区域，如图 4-26 所示。

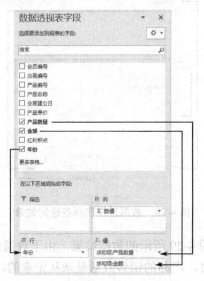

图 4-26　数据透视表标签选定效果

第四步：可以得到如图 4-27 所示的汇总数据。

行标签	求和项:产品数量	求和项:金额		月份	(多项)	
2014	46899	2676405.3		行标签	求和项:产品数量	求和项:金额
2015	122806	6871728.9		2016	54869	3055131.5
2016	175055	9769626.2		2017	75609	4224488.7
2017	75609	4224488.7		总计	130478	7279620.2
总计	420369	23542249.1				

图 4-27　汇总结果图

我们可以从左侧汇总数据中看出，由于该公司 2014 年 10 月新成立，市场还没有完全打开，因此该年度总体产品销售数量和销售金额同比较低，2015 年至 2016 年总体产品销售数量逐步上升。

对于 2017 年销售情况，还可以采用上述方法，在原始数据中利用 MONTH() 函数增加月份列。在数据透视表中的筛选区域内增加"月份"字段，选择前 5 个月可以得出如图 4-27 右侧所示数据，截至 2017 年 5 月，销售总额与 2016 年前 5 个月相比总体也呈现上升趋势。

问题 2：各年的哪种产品销量最好？哪种产品销量最差？

第一步：同问题 1 中的第二步，建立好空白数据透视表框架。

第二步：将"年份"字段拖至筛选区域，"产品名称"拖至行标签，将"产品数量"和"金额"拖至数值汇总区域，如图 4-28 所示。

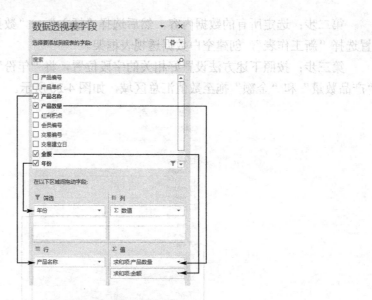

图 4-28 数据透视表标签选定效果

第三步：可以得到如图 4-29 所示的数据结果，由于数据量较大，只截取部分结果。可以看到当产品类型较多时，产品的销售数量是杂乱无章的，不能直观看出哪种产品销量最大，需要对结果做进一步处理。

	A	B	C
1	年份	2014	
2			
3	行标签	求和项:产品数量	求和项:金额
4	包装水(打)	482	11568
5	冰品(桶)	519	6747
6	饼干(打)	868	13020
7	茶类饮品(六罐)	470	9870
8	冲泡茶包(盒)	458	8702
9	蛋卷(六入)	424	9328
10	蛋卷(六入)x1+烘焙食品(包)x1+速溶牛奶(罐)x1	788	38612
11	蛋卷(六入)x1+米果(包)x1+饼干(打)x1+泡芙(打)x1	429	30030
12	高级酒类(瓶)	1452	188760
13	根茎类(包)	442	7956
14	菇菌类(包)	419	7123
15	瓜果类(包)	571	10278
16	果冻(六入)	477	3816
17	果冻(六入)x2+冰品(桶)x1+牛奶调味乳(二入)x1	529	23276
18	果酱制品(罐)	517	4653
19	海苔(包)	525	6300
20	海鲜拼盘(组)	1444	70756
21	烘焙食品(包)	977	9672.3
22	花生(包)	430	3440
23	花生(包)x2+米果(包)x2+啤酒类(打)x1	230	16100
24	火锅片类(盒)	963	35631
25	火锅片类(盒)x2+海鲜拼盘(组)x1+综合火锅料(组)x1+调味酱料(二入)x1	4989	898020
26	咖啡(六入)	1262	18930

图 4-29 销售品种初步汇总结果表

第四步：对汇总数据产品数量进行降序排列。选择某个数值字段的任意单元格，然后单击功能区"数据"选项卡中的"降序"按钮，也可以选择快捷菜单中的"排序"→"降序"命令，如图 4-30 所示。

第五步：降序排列可以得到以下数据，如图 4-31～图 4-34 所示。

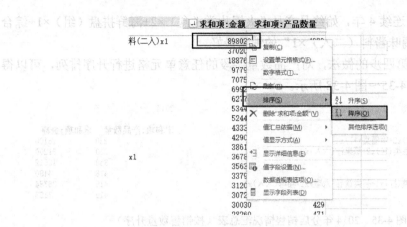

图 4-30 对求和汇总项进行降序排序

年份		2014	
行标签		求和项:产品数量	求和项:金额
火锅片类(盒)x2+海鲜拼盘(组)x1+综合火锅料(组)x1+调味酱料(二入)x1		4989	898020
肉片类(盒)x2+肉类制品(包)x2+调味酱料(二入)x1		2468	370200
综合叶菜(包)		1884	43332
高级酒类(瓶)		1452	188760

图 4-31 2014 年分店销售情况汇总表（按销售数量降序）

年份		2015	
行标签		求和项:产品数量	求和项:金额
火锅片类(盒)x2+海鲜拼盘(组)x1+综合火锅料(组)x1+调味酱料(二入)x1		12233	2201940
肉片类(盒)x2+肉类制品(包)x2+调味酱料(二入)x1		6257	938550
综合叶菜(包)		4900	112700
鲜肉类		3897	148086
海鲜拼盘(组)		3789	185661
鱼类		3789	151560
速溶咖啡(盒)		3662	84226

图 4-32 2015 年分店销售情况汇总表（按销售数量降序）

年份		2016	
行标签		求和项:产品数量	求和项:金额
火锅片类(盒)x2+海鲜拼盘(组)x1+综合火锅料(组)x1+调味酱料(二入)x1		17355	3123900
肉片类(盒)x2+肉类制品(包)x2+调味酱料(二入)x1		8706	1305900
综合叶菜(包)		7003	161069
咖啡(六入)		5517	82755
速溶咖啡(盒)		5393	124039

图 4-33 2016 年分店销售情况汇总表（按销售数量降序）

年份		2017	
行标签		求和项:产品数量	求和项:金额
火锅片类(盒)x2+海鲜拼盘(组)x1+综合火锅料(组)x1+调味酱料(二入)x1		7473	1345140
肉片类(盒)x2+肉类制品(包)x2+调味酱料(二入)x1		3778	566700
综合叶菜(包)		3137	72151
高级酒类(瓶)		2472	321360
鲜肉类		2409	91542
咖啡(六入)		2312	34680
其他水产		2307	71517

图 4-34 2017 年分店销售情况汇总表（按销售数量降序）

2014—2017年连续4年，始终是产品"火锅片类（盒）×2+海鲜拼盘（组）×1+综合火锅料（组）×1+调味酱料（二入）×1"的销量最好。

第六步：参照第四步的做法，对产品数量字段的任意单元格进行升序排列，可以得到以下数据，如图4-35～图4-38所示。

年份	2014	
行标签	求和项:产品数量	求和项:金额
花生(包)x2+米果(包)x2+啤酒类(打)x1	230	16100
综合叶菜(包)x2+根茎类(包)x2+蔬果汁(六入)x2	260	31200
肉类制品(包)	368	12512
冷冻水饺	418	4180
汽水(六瓶)x1+啤酒类(打)x1+茶类饮品(六罐)x1+咖啡(六入)x1	418	36784
菇菌类(包)	419	7123

图4-35　2014年分店销售情况汇总表（按销售数量升序）

年份	2015	
行标签	求和项:产品数量	求和项:金额
综合叶菜(包)x2+根茎类(包)x2+蔬果汁(六入)x2	623	74760
花生(包)x2+米果(包)x2+啤酒类(打)x1	671	46970
速溶牛奶(罐)	1043	27118
蛋卷(六入)x1+米果(包)x1+饼干(包)x1+泡芙(打)x1	1083	75810
瓜果类(包)	1104	19872
牛奶调味乳(二入)	1114	22280
茶类饮品(六罐)	1114	23394
汽水(六瓶)x1+啤酒类(打)x1+茶类饮品(六罐)x1+咖啡(六入)x1	1126	99088

图4-36　2015年分店销售情况汇总表（按销售数量升序）

年份	2016	
行标签	求和项:产品数量	求和项:金额
花生(包)x2+米果(包)x2+啤酒类(打)x1	892	62440
综合叶菜(包)x2+根茎类(包)x2+蔬果汁(六入)x2	992	119040
泡面类(六入)	1639	39336
冷冻水饺(包)	1645	16450
汽水(六瓶)x1+啤酒类(打)x1+茶类饮品(六罐)x1+咖啡(六入)x1	1647	144936
肉类制品(包)	1656	56304

图4-37　2016年分店销售情况汇总表（按销售数量升序）

年份	2017	
行标签	求和项:产品数量	求和项:金额
综合叶菜(包)x2+根茎类(包)x2+蔬果汁(六入)x2	346	41520
花生(包)x2+米果(包)x2+啤酒类(打)x1	359	25130
泡面类(六入)x1+冷冻水饺(包)x1+冷冻鸡块(包)x1	674	29656
其他类饮品(六入)	674	10784
其他休闲食品(包)	683	9562
汽水(六瓶)	691	12438

图4-38　2017年分店销售情况汇总表（按销售数量升序）

2014年、2016年均是"花生（包）×2+米果（包）×2+啤酒类（打）×1"产品销量最差。

2015年、2017年是"综合叶菜（包）×2+根茎类（包）×2+蔬果汁（六入）×2"产品销量最差。

问题 3：2017 年哪个月的业绩最好？哪个月的业绩最差？

第一步：要统计的是某个月份的业绩，需要对原始数据进行处理，增加“月份”字段，如图 4-39 所示。

=MONTH(E2)

会员编号	交易编号	产品编号	产品名称	交易建立日	产品单价	产品数量	金额	年份	月份
DM101364	BEN-111665	CBN-002	火锅片类(盒)x2+海鲜拼盘(组)x1+综合火锅料(组)x1+调味酱料(二入)x1	2017/4/2	180	1	180	2017	4
DM101364	BEN-111665	P0036	综合叶菜(包)	2017/4/2	23	1	23	2017	4
DM101364	BEN-111665	P0042	鲜肉类	2017/4/2	38	1	38	2017	4
DM101364	BEN-111665	CBN-013	蛋卷(六入)x1+烘焙食品(包)x1+速溶牛奶(罐)x1	2017/4/2	49	3	147	2017	4
DM101364	BEN-111665	CBN-005	肉片类(盒)x2+肉类制品(包)x2+调味酱料(二入)x1	2017/4/2	150	1	150	2017	4
DM101364	BEN-111665	P0008	口香糖(盒)	2017/4/2	9	2	18	2017	4
DM101364	BEN-111666	CBN-013	蛋卷(六入)x1+烘焙食品(包)x1+速溶牛奶(罐)x1	2017/4/19	49	4	196	2017	4
DM101364	BEN-111666	CBN-011	综合叶菜(包)x1+根茎类(包)x1+瓜果类(包)x1	2017/4/19	50	2	100	2017	4
DM101364	BEN-111666	P0014	其他休闲食品(包)	2017/4/19	14	1	14	2017	4
DM101364	BEN-111666	P0036	综合叶菜(包)	2017/4/19	23	1	23	2017	4
DM101364	BEN-111666	CBN-001	巧克力(盒)x1+泡芙(打)x1+调味薯片(六入)x1	2017/4/19	60	1	60	2017	4
DM099836	BEN-111667	P0030	面条类(包)	2017/1/31	11	1	11	2017	1

图 4-39 在表中添加“月份”字段示例

第二步：同问题 1 的第二步，建立好空白数据透视表框架，之后将“月份”字段拖入“行”，将“年份”字段拖入“筛选”，将“金额”字段拖入“值”，效果如图 4-40 所示。

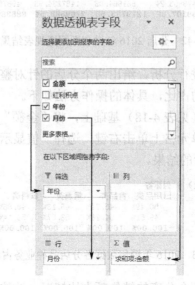

图 4-40 数据透视表标签选定效果

第三步：可以得到汇总数据，如图 4-41 所示。

年份	2017
行标签	**求和项:金额**
1	1209357.2
2	808311
3	1039195.3
4	960899.7
5	206725.5
总计	**4224488.7**

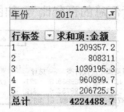

图 4-41 数据透视表汇总结果图

可以看出，前5个月中，销量最高的是1月，符合春节旺季销售基本规律。

4.3.4 实用数据透视表技巧

除了前述创建步骤及案例中介绍的典型数据透视表分析方法外，在实际操作中，还会遇到根据数据透视表做进一步数据分析等需求。例如，根据已有销售数据给出各地区或分店的销售占比、销售数据显示以10天为一组等，现根据需求介绍5种实用的数据透视表技巧。

1. 占比计算

以前述透视表创建方法中表4-18的分店2016年销售数据为例，现已有数据透视结果如图4-42所示。

求和项:金额（元）	列标签				
行标签	日用品类	食品类	烟酒类	饮料类	总计
锦江分店	489254.58	557919.52	1273453.56	389635.25	2710262.91
新天地分店	479853.24	661864.03	1487234.98	498753.46	3127705.71
总计	969107.82	1219783.55	2760688.54	888388.71	5837968.62

图4-42 分店2016年销售数据透视表结果

现在需要进一步对数据进行分析，给出两个分店的针对整体的贡献额，以及各个种类的销售品种对总体销售额的占比，具体的操作方法如下。

第一步：在已有的数据（见表4-18）基础上，将"金额"字段拖至数值汇总区域。

第二步：在"总计"的单元格上单击右键，选择"值显示方式"→"列汇总的百分比"，即可得到如图4-43所示的结果。

求和项:金额（元）	列标签				
行标签	日用品类	食品类	烟酒类	饮料类	总计
锦江分店	50.49%	45.74%	46.13%	43.86%	46.42%
新天地分店	49.51%	54.26%	53.87%	56.14%	53.58%
总计	100.00%	100.00%	100.00%	100.00%	100.00%

图4-43 2016年销售数据各分店品种业务占比

从该数据我们可以得出两个分店的销售额占比情况，总体销售情况持平，以及各个分店的各个种类业务对整体的贡献情况。

另外，我们也可以进一步对各个业务进行比重分析，方法可按照上述步骤的第二步，操作是选择"值显示方式"→"行汇总的百分比"，如图4-44所示。

图4-44 占比数据设置方法

可以得出如图4-45所示结果数据。

求和项:金额(元)	列标签				
行标签	日用品类	食品类	烟酒类	饮料类	总计
锦江分店	18.05%	20.59%	46.99%	14.38%	100.00%
新天地分店	15.34%	21.16%	47.55%	15.95%	100.00%
总计	16.60%	20.89%	47.29%	15.22%	100.00%

图4-45　分店2016年销售数据品种业务占比

2. 切片器

切片器属于"数据透视表"的拓展，利用该功能进行数据分析展示时，能很直观地将筛选的数据展示给使用者。

以图4-42分店2016年销售数据透视表结果为例，对各个品种的类型进行筛选，可以很直观地得出各个种类的销售情况。

第一步：在图4-42的基础上，选中数据透视表的全部数据，再选择"插入"菜单→"切片器"命令。

第二步：在弹出的"插入切片器"对话框中，选择"种类"进行筛选。

第三步：可以得到以下切片器效果，如图4-46所示。

图4-46　分店2016年销售数据切片器效果

可以通过单击不同的种类，很方便地根据种类来实现对筛选数据的查看，以选择"烟酒类"为例，可以得到如图4-47所示效果。

图4-47　分店2016年销售烟酒类数据筛选效果

3. 环比计算

以企业案例背景中的2017年每月销售额为例，在完成数据透视创建后进行每个月的环比数据计算。

第一步：参照案例实践问题 3 的步骤，可以得出图 4-41 即 2017 年分店每个月的销售总额数据。

第二步：单击"求和项：金额"范围内的任一单元格，单击右键，选择"值显示方式"→"差异百分比"。

第三步：在弹出的"值显示方式"对话框中，设置需要的字段，"基本项"设置为"（上一个）"，即环比操作，如图 4-48 所示。

图 4-48　数据透视表"值显示方式"对话框设置

第四步：可以得到如图 4-49 所示的"环比"数据。

图 4-49　2017 年企业各月销售金额环比计算结果

4. 同比计算

以企业案例背景中的 2015、2016 年每月销售额（见图 4-50）为例，在完成数据透视创建后进行每个月的同比数据计算。

	A	B	C	D	E	F	G	H	I
1	会员编号	交易编号	产品编号	产品名称	交易建立日	产品单价	金额	年份	月份
2	DM098704	BEN-111679	P0016	啤酒类(打)	2016/12/29	46	46	2016	12
3	DM098704	BEN-111679	P0035	调味酱料(二入)	2016/12/29	19	19	2016	12
4	DM098704	BEN-111679	P0008	口香糖(盒)	2016/12/29	9	9	2016	12
5	DM098704	BEN-111679	P0042	鲜肉类	2016/12/29	38	38	2016	12
6	DM098704	BEN-111679	P0004	饼干(打)	2016/12/29	15	15	2016	12
7	DM098704	BEN-111679	P0017	茶类饮品(六罐)	2016/12/29	21	21	2016	12
8	DM098475	BEN-111686	P0017	茶类饮品(六罐)	2016/12/21	21	231	2016	12
9	DM098475	BEN-111686	CBN-005	肉片类(盒)x2+肉类制品(包)	2016/12/21	150	300	2016	12
10	DM098475	BEN-111686	P0010	腌渍食品(六入)	2016/12/21	15	15	2016	12
11	DM098475	BEN-111686	P0021	牛奶调味乳(二入)	2016/12/21	20	20	2016	12
12	DM098475	BEN-111686	P0004	饼干(打)	2016/12/21	15	15	2016	12
13	DM098674	BEN-111687	P0045	其他水产	2016/12/28	31	62	2016	12
14	DM098674	BEN-111701	P0033	冲泡茶包(盒)	2016/12/28	19	19	2016	12
15	DM098674	BEN-111701	P0020	包装水(打)	2016/12/28	24	24	2016	12
16	DM098674	BEN-111701	P0018	高级酒类(瓶)	2016/12/28	130	130	2016	12
17	DM098674	BEN-111701	P0020	包装水(打)	2016/12/28	24	24	2016	12
18	DM098674	BEN-111701	P0004	饼干(打)	2016/12/28	15	30	2016	12
19	DM098674	BEN-111701	P0044	鱼类	2016/12/28	40	80	2016	12
20	DM098674	BEN-111702	P0036	综合叶菜(包)	2016/12/28	23	46	2016	12
21	DM098674	BEN-111702	CBN-009	果冻(六入)x2+冰晶(桶)x1	2016/12/28	44	44	2016	12
22	DM099494	BEN-111705	P0019	蔬果汁(六入)	2016/12/6	23	46	2016	12
23	DM099494	BEN-111705	P0043	火锅片类(盒)	2016/12/6	37	37	2016	12
24	DM099494	BEN-111705	P0012	果冻(六入)	2016/12/6	8	24	2016	12
25	DM099494	BEN-111705	CBN-012	速溶咖啡(盒)x2+冲泡茶包(盒)	2016/12/6	80	240	2016	12
26	DM098362	BEN-111712	P0020	包装水(打)	2016/12/18	24	24	2016	12
27	DM098362	BEN-111712	P0044	鱼类	2016/12/18	40	40	2016	12
28	DM098362	BEN-111712	P0031	冷冻鸡块(包)	2016/12/18	19	19	2016	12
29	DM098362	BEN-111712	P0030	面条类(包)	2016/12/18	11	33	2016	12

图 4-50　2015、2016 年企业销售金额数据

第一步：选定所有的数据内容，然后选择"插入"→"数据透视表"，存放位置选择"新工作表"，创建空白数据透视表框架。

第二步：数据透视表的行标签选为"年份"、"月份"，值为"求和项"，可得到如图 4-51 所示的数据结果。

行标签	求和项:金额
⊟2015	6871728.9
1	692157.9
2	430308.5
3	650631.4
4	621186.3
5	664011.8
6	545702.9
7	442893.9
8	673641.6
9	610978.3
10	508046.1
11	434932.6
12	597237.6
⊟2016	9769626.2
1	441407.2
2	443670
3	544000.7
4	718755.8
5	907297.8
6	949456.9
7	1013590.5
8	780929.6
9	800643.9
10	982000.9
11	1159518.7
12	1028354.2
总计	16641355.1

图 4-51　2015、2016 年企业销售数据汇总

第三步：单击"求和项：金额"范围内的任一单元格，单击右键，选择"值显示方式"→"差异百分比"。

第四步：在弹出的"值显示方式"对话框中，设置需要的字段，"基本字段"为"年份"，"基本项"设置为"（上一个）"，如图 4-52 所示。

行标签	求和项:金额
⊞2015	6871728.9
⊟2016	9769626.2
1	441407.2
2	443670
3	544000.7
4	718755.8
5	907297.8
6	949456.9
7	1013590.5
8	780929.6
9	800643.9
10	982000.9
11	1159518.7
12	1028354.2
总计	16641355.1

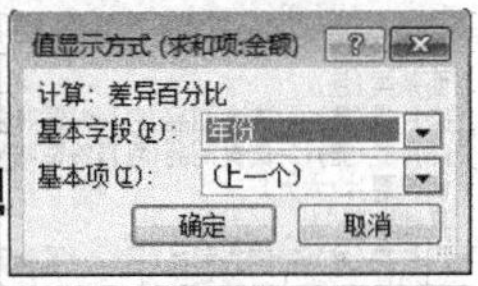

图 4-52　2015、2016 年企业销售数据汇总

第五步：因为没有 2014 年的销售数据，2015 年的数据无法与不存在的 2014 年数据"同比"，因此，2015 年的数据里没有对应的"同比增长百分比"数据；2016 年可以和 2015 年数据进行同比，如图 4-53 所示。

行标签	求和项:金额		行标签	求和项:金额
⊟2015	6871728.9		⊟2015	
1	692157.9		1	
2	430308.5		2	
3	650631.4		3	
4	621186.3		4	
5	664011.8		5	
6	545702.9		6	
7	442893.9		7	
8	673641.6		8	
9	610978.3		9	
10	508046.1		10	
11	434932.6		11	
12	597237.6		12	
⊟2016	9769626.2		⊟2016	42.17%
1	441407.2		1	-36.23%
2	443670		2	3.11%
3	544000.7		3	-16.39%
4	718755.8		4	15.71%
5	907297.8		5	36.64%
6	949456.9		6	73.99%
7	1013590.5		7	128.86%
8	780929.6		8	15.93%
9	800643.9		9	31.04%
10	982000.9		10	93.29%
11	1159518.7		11	166.60%
12	1028354.2		12	72.19%
总计	16641355.1		总计	

图 4-53 2015、2016 年企业销售数据同比数据

5. 日期数据汇总

在实际的数据获取过程中，一般都有对应业务数据的产生日期，因此，针对数据按照旬、月、季度、年汇总数据的要求很常见，前述案例中已经对针对月、年进行数据汇总做了介绍，接下来利用分组的方法来实现按上、中、下旬进行汇总。

以 2017 年 1 月企业销售金额数据（见图 4-54）为例，实现将销售数据按照 10 天为单位进行统计。

	A	B	C	D	E	F	G	H	J	K
1	会员编号	交易编号	产品编号	产品名称	交易建立日	产品单价	产品数量	金额	年份	月份
2	DM099836	BEN-111667	P0030	面条类(包)	2017/1/31	11	1	11	2017	1
3	DM099836	BEN-111667	CBN-005	肉片类(盒)x2+肉类制品(包)x2+调味酱料(二入)x1	2017/1/31	150	1	150	2017	1
4	DM099836	BEN-111667	CBN-005	肉片类(盒)x2+肉类制品(包)x2+调味酱料(二入)x1	2017/1/31	150	3	450	2017	1
5	DM099836	BEN-111667	P0001	调味薯片(六入)	2017/1/31	18	1	18	2017	1
6	DM099836	BEN-111667	P0045	其他水产	2017/1/31	31	3	93	2017	1
7	DM099457	BEN-111671	CBN-005	肉片类(盒)x2+肉类制品(包)x2+调味酱料(二入)x1	2017/1/22	150	1	150	2017	1
8	DM099457	BEN-111671	CBN-002	火锅片类(盒)x2+海鲜拼盘(组)x1+综合火锅料(组)x1+i	2017/1/22	180	1	180	2017	1
9	DM099457	BEN-111671	P0026	泡面类(六入)	2017/1/22	24	2	48	2017	1
10	DM099457	BEN-111671	CBN-013	蛋卷(六入)x1+烘焙食品(包)x1+速溶牛奶(罐)x1	2017/1/22	49	2	98	2017	1
11	DM098881	BEN-111672	CBN-002	火锅片类(盒)x2+海鲜拼盘(组)x1+综合火锅料(组)x1+i	2017/1/4	180	1	180	2017	1
12	DM098881	BEN-111672	P0004	饼干(打)	2017/1/4	15	1	15	2017	1
13	DM098881	BEN-111672	CBN-006	鱼类x1+其他水产x1+海鲜拼盘(组)x1	2017/1/4	110	1	110	2017	1
14	DM098881	BEN-111672	P0041	肉类制品(包)	2017/1/4	34	1	34	2017	1
15	DM098881	BEN-111672	P0045	其他水产	2017/1/31	31	1	31	2017	1
16	DM098881	BEN-111673	P0004	饼干(打)	2017/1/31	15	2	30	2017	1
17	DM099492	BEN-111674	CBN-002	火锅片类(盒)x2+海鲜拼盘(组)x1+综合火锅料(组)x1+i	2017/1/22	180	1	180	2017	1
18	DM099492	BEN-111674	P0018	高级酒类(瓶)	2017/1/22	130	1	130	2017	1
19	DM099492	BEN-111674	P0032	速溶咖啡(盒)	2017/1/22	23	1	23	2017	1
20	DM099492	BEN-111674	CBN-011	综合叶菜(包)x1+根茎类(包)x1+瓜果类(包)x1	2017/1/22	50	3	150	2017	1
21	DM099492	BEN-111674	CBN-014	花生(包)x2+米果(包)x2+啤酒类(打)x1	2017/1/22	70	1	70	2017	1
22	DM099492	BEN-111674	CBN-005	肉片类(盒)x2+肉类制品(包)x2+调味酱料(二入)x1	2017/1/22	150	2	300	2017	1
23	DM099493	BEN-111675	P0005	综合叶菜(包)	2017/1/23	23	1	23	2017	1
24	DM099493	BEN-111675	CBN-012	速溶咖啡(盒)x2+冲泡茶包(盒)x2	2017/1/23	80	1	80	2017	1
25	DM099493	BEN-111675	CBN-013	蛋卷(六入)x1+烘焙食品(包)x1+速溶牛奶(罐)x1	2017/1/23	49	1	49	2017	1
26	DM099493	BEN-111675	P0011	口香糖(盒)	2017/1/23	9	3	27	2017	1
27	DM099493	BEN-111675	P0046	海鲜拼盘(组)	2017/1/23	49	3	147	2017	1
28	DM099701	BEN-111689	P0032	速溶咖啡(盒)	2017/1/26	23	1	23	2017	1
29	DM099701	BEN-111689	P0040	肉片类(盒)	2017/1/26	36	1	36	2017	1

图 4-54 2017 年 1 月企业销售数据

第一步：选定所有的数据内容，然后选择"插入"→"数据透视表"，存放位置选择"新工作表"，创建空白数据透视表框架。

第二步：数据透视表的行标签选为"产品名称"和"交易建立日"，值为"求和项"，可得如图 4-55 所示的数据结果。

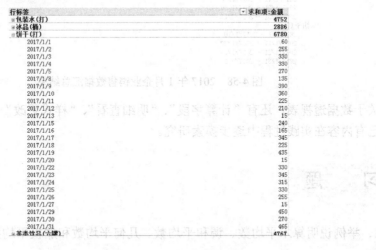

图 4-55　2017 年 1 月企业销售数据汇总

第三步：选中数据透视结果中的日期，单击右键，在快捷菜单中选择"创建组"，如图 4-56 所示。

第四步：在打开的"分组"对话框中，选择以"日"进行分组，天数步长设置为"10"，如图 4-57 所示。

图 4-56　2017 年 1 月企业销售数据创建组方法　　图 4-57　2017 年 1 月企业销售数据步长设置方法

第五步：得到如图 4-58 所示的汇总结果数据，可以很直观地看出该企业每个月的上、中、下旬的销售结果。

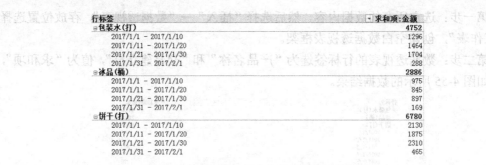

图 4-58　2017 年 1 月企业销售数据汇总结果

关于数据透视表，还有"计算字段"、"明细查看"、"样式更改"等实用功能，可以结合已有内容在实践过程中逐步摸索研究。

1．举例说明算术平均数、调和平均数、几何平均数和加权平均数这些术语的应用场景。

2．漏斗图分析法一般常用于网站中关键路径的转化率分析，请对转化率的一般计算方法进行简要描述。

3．请结合自己的专业，从专业角度谈谈还有哪些常见的数据分析方法。

4．结合本书第 2 章企业案例数据——在职员工信息表，利用分组统计法，统计出该企业不同年龄段的员工人数。

5．结合本书第 2 章企业案例数据——2016 年四川分店销售情况，使用数据透视表的工具，帮某企业完成 2017 年 VIP 客户业务办理，要求统计出 2017 年购买物品金额超过 1 万元的客户。

第 5 章 数据展示

前面介绍了对案例中的行业背景进行分析，对数据进行清洗、整理、加工后，再对案例中的数据进行分析，从而得出不同的结论。如何使结论能更直观地表达出来呢？这就需要进行数据的展示。本章内容主要分为四个部分，第一部分为数据在表格中的展示，分为图标集、数据列突出显示以及迷你图；第二部分为 Excel 中基本图表的展示；第三部分为如何使图表专业化；第四部分介绍 Excel 加载项 E2D3。

5.1 表格展示

5.1.1 数据列突出显示

在 Excel 中存储有大量的数据，对于某些数据范围内的数据需要重点标识出来，说明此类数据在整个列中具有强调作用。例如，在"员工信息"表的"学历"一列中，大部分是本科或是大专等中等学历的学历结构，而具有硕士、博士等高学历的员工有，但是为数不多，需要重点突出显示出来，即$k1=$"硕士"；在"年龄"数据列中，超过 50 岁的员工临近退休年龄，需要重点提示。

第一步：先选中"学历"列，在"开始"菜单栏中选择"条件格式"→"新建规则"，在弹出的对话框中选择"使用公式确定要设置格式的单元格"，如图 5-1 所示。

第二步：在弹出的"新建格式规则"对话框中进行相关设置，在"编辑规则说明"下的输入框中，输入公式"=$k1="博士""，如图 5-2 所示。注意，这里是两个"="，因为所遵守的规则是通过公式值得到的。

图 5-1 "新建格式规则"对话框

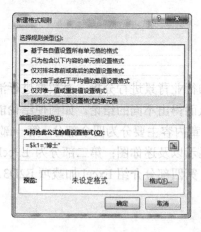

图 5-2 编辑规则

第三步：单击"格式"，在弹出的对话框中选择需要设置的格式，具体有数字、字体、边框、填充。为了更好地突出显示的效果，此处选择"填充"效果的绿色作为格式样式，如图 5-3 所示。

图 5-3 设置格式

第四步：完成设置后，可以看到博士与硕士的学历在整个学历列中通过填充不同的颜色而突出显示出来，如图 5-4 所示。

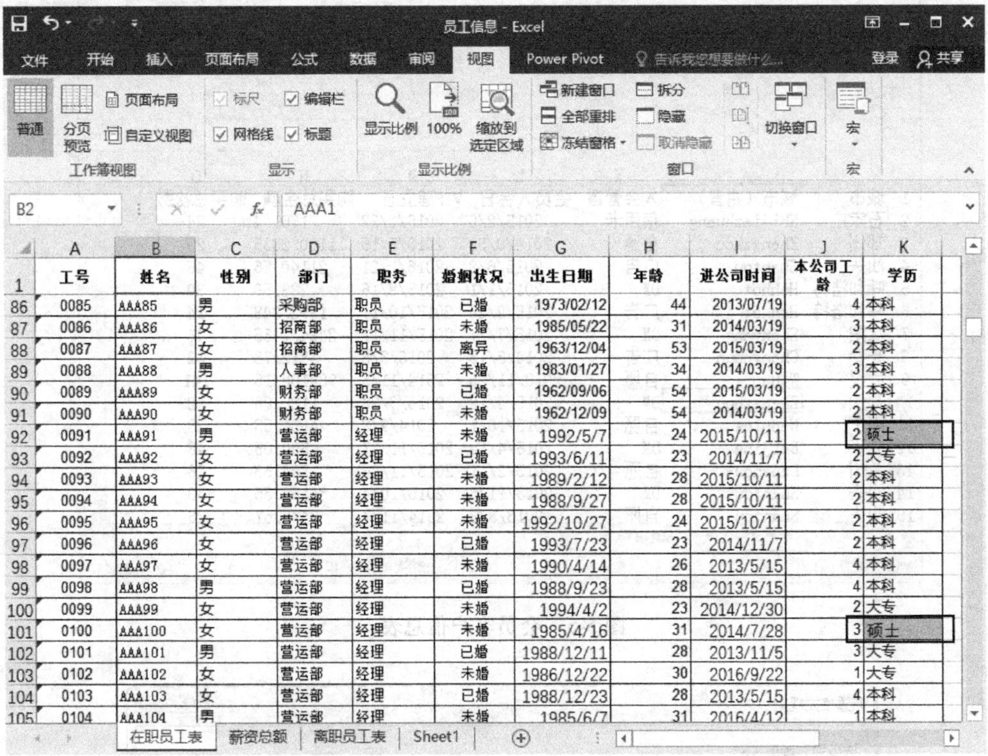

图 5-4　学历突出显示的效果图

5.1.2　图标集

在一些大量数据列中，需要将某些数据标识后重点显示出来，除了 5.1.1 节中的数据列突出显示外，还可以利用图标集的方式显示。如在"会员客户信息表"的"购买总次数"列中，可以利用图标集的优点，只需要大概浏览购买次数在某个区域范围内的情况，而不需要知道具体的购买次数。例如，不必知道购买总金额的具体情况，只需要看个大概；或是在购买总次数中，只需要显示某个范围内大概的购买次数就可以了，此时可以用图标集的形式来显示，如图 5-5 所示。

第一步：在"开始"菜单中，选择"条件格式"中的"图标集"→"其他规则"。

第二步：在弹出的"新建格式规则"对话框中创建需要的格式规则。例如，将购买总金额进行一个大致区域的划分，大于 15 000 属于高消费群体，小于 8000 属于低消费群体，如图 5-6 所示。划分结果如图 5-7 所示。

数据可视化分析（Excel 2016+Tableau）

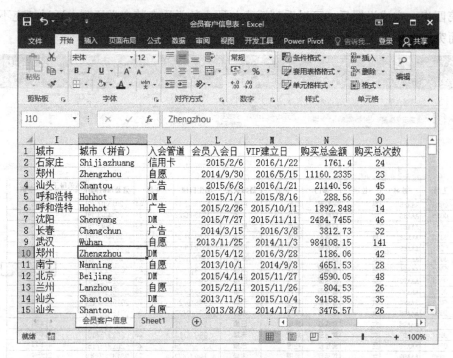

图 5-5　会员客户信息表

图 5-6　新建规则类型及图标选择

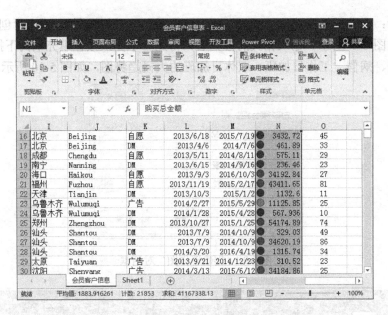

图 5-7 消费群体划分

5.1.3 迷你图

迷你图清晰简洁，是常规图表的缩小版。Excel 表格中的数据非常有用，但很难一目了然地发现问题，所谓"文不如表，表不如图"。如果在数据旁边插入迷你图，就可以迅速判断数据的问题。迷你图占用的空间非常小，它镶嵌在单元格内，数据变化时，迷你图跟着迅速变化，打印的时候可以直接打印出来。如在"2016 年考勤数据"表中，我们将 1 月到 12 月的数据进行相关处理，得到一般结果，但如果只想看到工作日加班或双休日加班在整年的趋势图，则可以用迷你图一目了然地显示整个年度加班的大致情况。

第一步：将原始数据进行数据处理后，得到如图 5-8 所示的结果。

图 5-8 员工全年请假数据

第二步：在菜单栏中选择"插入"→"迷你图"→"折线图"，弹出"创建迷你图"对话框，如图 5-9 所示。输入相关的参数后，得到一个图，按住填充柄向下拖拉，则可以得出事假、病假、工作日加班、双休日加班的大概趋势图，如图 5-10 所示。

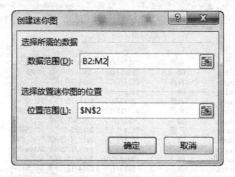

图 5-9 "创建迷你图"对话框

图 5-10 全年请假的趋势图

5.2 图表展示

5.2.1 双坐标

所谓双坐标图表，就是左右各一个 Y 轴，分别显示不同系列的数值。该图表主要用于两个系列数值差异较大的情况。

在"会员客户信息表"中，对数据按职业进行分类汇总后，可得到相关结果。若想用图表同时来表示购买的金额和购买次数，但由于购买的金额（以万计或是十万计）与购买次数（以百计或是千计）的数量级不在一个级别上，如果使用同一坐标，会导致购买次数显示不出来差距（太小了），在类似这样的情况下就需要把数量和金额分成两个 Y 轴分别显示数值，即双坐标图表。又如，在员工信息表中的薪资总额中的员工人数（以百计）与月平均工资（以千计）也没有在一个数量级上，下面这个实例就以此为例来说明双坐标的作用。

第一步：利用常规的做法，将员工人数与月平均工资以年份为维度插入图中，得到如图 5-11 所示的结果。可以看出，月平均工资都是以千计，而员工人数以百计，它们不在一个数量级上，如果使用同一个坐标，很难看出差异。

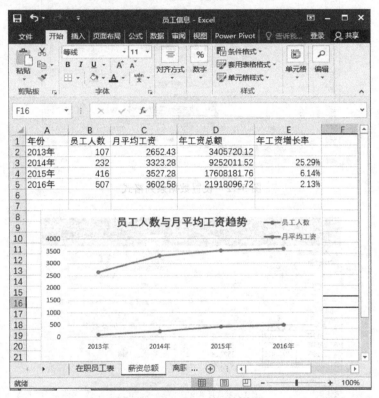

图 5-11　员工人数与月工资趋势图

第二步：对图 5-11 进行修改后，选中员工人数的折线，单击右键，在弹出的快捷菜单中选择"设置数据系列格式"，如图 5-12 所示。

第三步：在弹出的选项中选择，将原来的主坐标轴修改为次坐标轴，如图 5-13 所示。

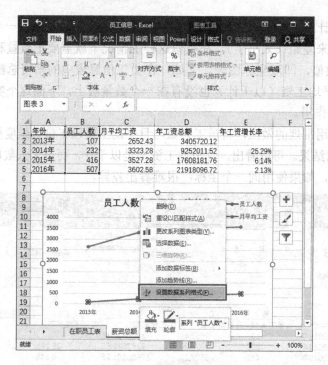

图 5-12　设置数据系列格式

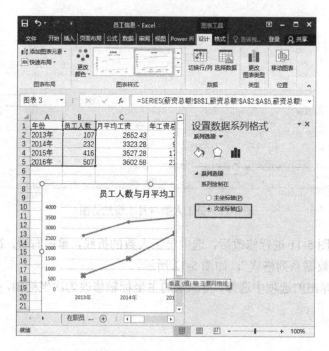

图 5-13　调整主次坐标轴

第四步：最后可以看出，图表由原来的只有一个坐标轴变成了主次两个不同数量级的坐标轴，如图 5-14 所示。

第5章 数据展示

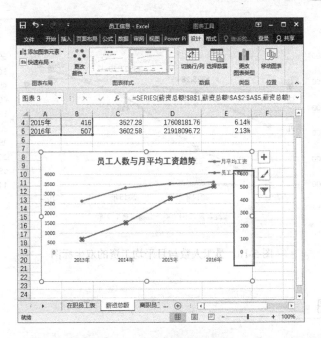

图5-14 双坐标轴的效果图

第五步：主坐标轴的月平均工资不可能从0元开始，因此可以对主坐标轴的值进行修改。选中主坐标轴，单击右键，在弹出的快捷菜单中选择"设置坐标轴格式"，在打开界面的"坐标轴选项"下将"最小值"改为1500，如图5-15所示。最后得到员工人数与月平均工资的双坐标图，如图4-16所示。

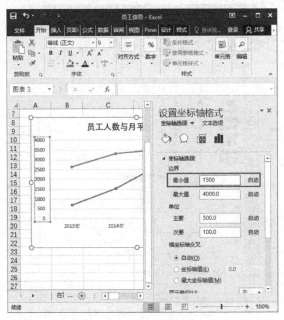

图5-15 设置坐标的最小值

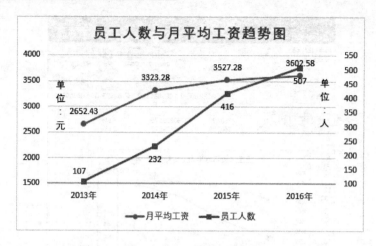

图 5-16 员工人数与月平均工资的双坐标图

5.2.2 折线图

折线图用来显示某个时期内的趋势变化状态。例如,数据在一段时间内呈增长趋势,在另一段时间内处于下降趋势。通过此类图表,可以对将来做出预测,如在员工信息表中的在职员工表中各部门的男女人数趋势分布。

第一步:经过数据处理后,得到相应的数据结果,如果用常规的数据图表中的折线图来分析,可得如图 5-17 所示的结果。

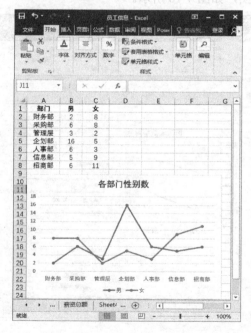

图 5-17 各部门性别分布图

第二步：对折线图做一些相应的修改，做成专业的图表方式。需要在数据中加入一列辅助数据列，如图 5-18 所示。

图 5-18　增加辅助数据系列后的数据图

第三步：选中表中的所有数据，插入图表，选择"插入"→"条形图"。

第四步：在可视化图中选择男或女的数据列，在弹出的对话框中选择"更改系列图表类型"，如图 5-19 所示。

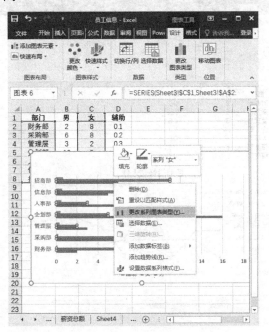

图 5-19　更改系列图表类型

第五步：在打开的"更改图表类型"对话框中，选择系列名称对应的图表类型下面的黑色小三角，在弹出的图表类选择窗口中选择"XY（散点图）"中的第四种类型，即带直线和数据标识的散点图，如图 5-20 所示。用同样的方法改变男和女系列所对应的图表类型。调整图例和更改图表标题后，得到如图 5-21 所示的效果。

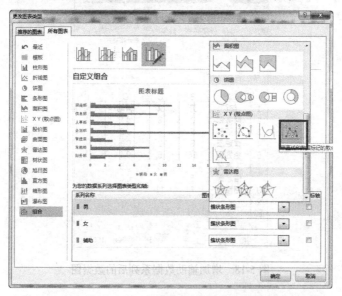

图 5-20　更改系列对应的散点图类型

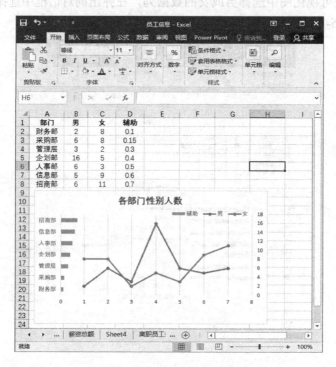

图 5-21　各部门性别人数散点图

第六步：选中折线图的某一部分，单击右键，在弹出的快捷菜单中选择"选择数据"，分别单击男女系列，选择"编辑"，在打开的对话框中进行 X、Y 轴值的修改，如图 5-22 所示。

图 5-22　编辑数据系列

第七步：选中图中的坐标，在弹出的对话框中选择"设置坐标轴格式"。将辅助列的格式填充方式改为无填充；调整主坐标轴的值，使其折线图位于中间，删除次坐标轴；将网格线去掉，效果如图 5-23 所示。

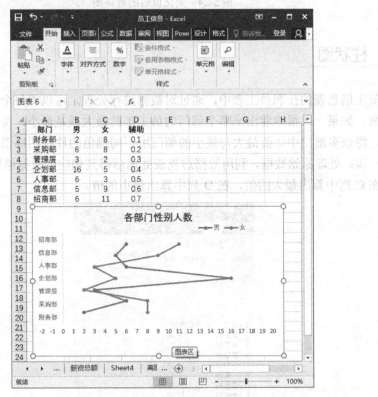

图 5-23　去掉网格线、坐标后的图

第八步：增加数据标签。选中折线图，在弹出的对话框中选择"添加数据标签"，增加后不是想要的效果，再选中所有的数据标签进行相应的修改。修改样式后得到如图 5-24

所示的效果。

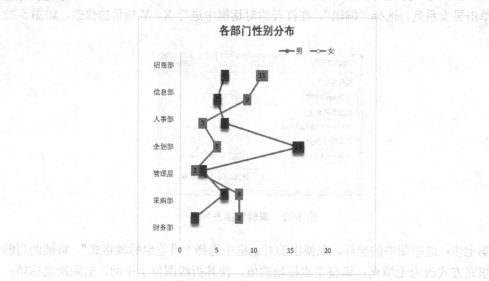

图 5-24 美化以后的效果图

5.2.3 柱状图

在员工信息表的在职员工表中，通过对数据进行处理，可以将每个部门的平均年龄计算出来，如果一眼很难看出来哪个部门的员工年龄最大或是最小，可以利用两系列值的方式，将众多部门中年龄最大与最小的部门用不同颜色的柱状图标识出来。

第一步：处理原始数据，利用数据透视表处理后得到相应的数据结果，如图 5-25 所示。再在 C 列中算出最大的值，在 D 列中算出最小的值。

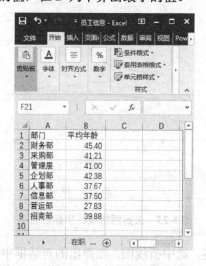

图 5-25 整理员工部门平均年龄后的数据

第二步：在 C 列中算出最大的值，在 C2 单元格中输入公式"= if(b2=max(b2:b9),b2,0)"，单击下拉填充柄进行填充，不是最大值的对应单元格内填充为 0；在 D 列中算出最小的值，在 D2 单元格中输入公式 "= if (b2=min(b2:b9),b2,0)"，单击下拉填充柄进行填充，不是最小值的对应单元格内填充为 0。结果如图 5-26 所示。

图 5-26　算出极值年龄的表格数据

第三步：选中单元格[A1:B9]，在"插入"菜单栏中选择"插图"选项卡中的"图表"，选择"柱状图"，结果如图 5-27 所示。

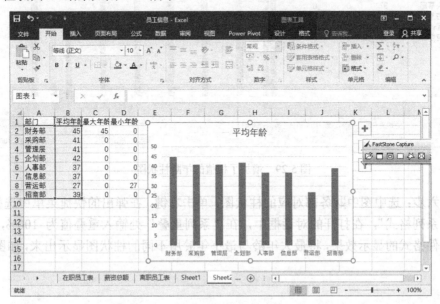

图 5-27　各部门平均年龄的柱状图

第四步：选中生成的柱状图单击右键，在弹出的快捷菜单中选择"选择数据"。

第五步：在"图例"项目中单击"增加"，在弹出的对话框中输入数据，在"系列名称"中选择 C 列的第一个单元格，在"系列值"中选择[C2:C9]单元格，单击"确定"按钮，如图 5-28 所示，最小年龄与最大年龄的操作。

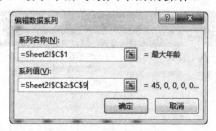

图 5-28　编辑数据系列

增加了极值的年龄柱状图如图 5-29 所示。

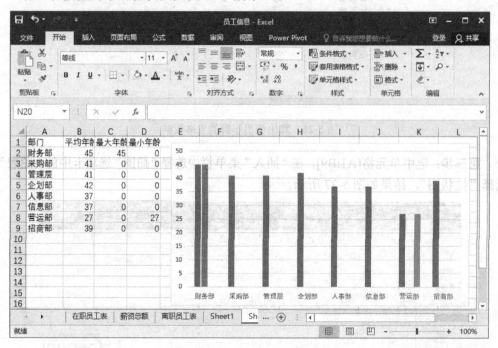

图 5-29　增加了极值的年龄柱状图

第六步：选中图中财务部对应的柱状图，单击右键，在弹出的快捷菜单中选择"设置数据系列格式"，在打开的对话框中，在"系列重叠"处输入重叠值为 100%，即可达到条件格式的显示效果，将最大年龄与最小年龄用不同的柱状图显示出来，如图 5-30 所示。

第 5 章　数据展示

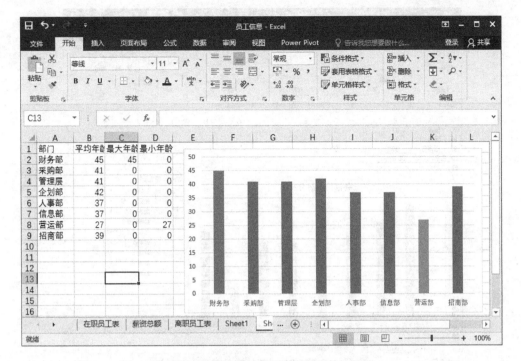

图 5-30　最大值与最小值突出显示的柱状图

第七步：为了使看到的效果更好，也可以在图中增加一条平均线。具体做法为：在[A10]单元格中写入"平均年龄"字样，在[B10]单元格中输入公式"=average(b2:b9)"，由此算出平均年龄。按照在折线图中的做法，单击图表，在弹出的对话框中选择"选择数据"，添加一个系列值，在弹出的对话框中编辑相应系列的 X、Y 轴的值，如图 5-31 所示。

图 5-31　编辑数据系列

第八步：将"总平均年龄"的图表类型改为散点图，详细做法可参见折线图部分，得到平均年龄在图上的表现形式，就是一个圆点。

第九步：单击"总平均年龄"的图表圆点，选择右边出现的图表元素"+"，在弹出的对话框中选择"误差线"，如图 5-32 所示。

第十步：调整误差线的可视化形式。单击"误差线"后面的小黑三角，选择"更多选项"，调整误差值，正误差为 10，负误差为 1，再调整误差线的颜色和宽度，如图 5-33 和图 5-34 所示。

109

数据可视化分析（Excel 2016+Tableau）

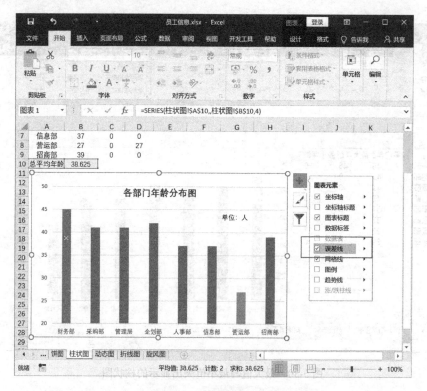

图 5-32　增加图表元素图

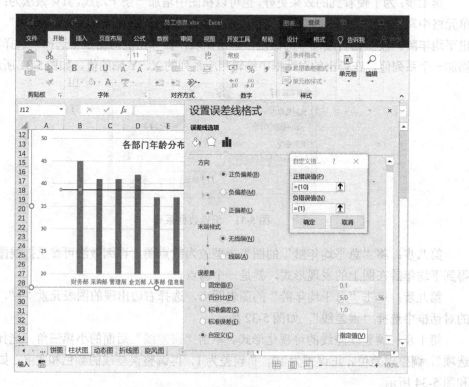

图 5-33　调整误差值

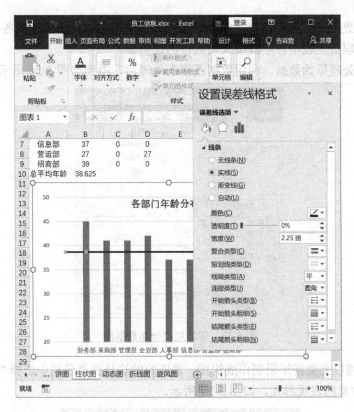

图 5-34　设置误差线格式

最后的效果图如图 5-35 所示。

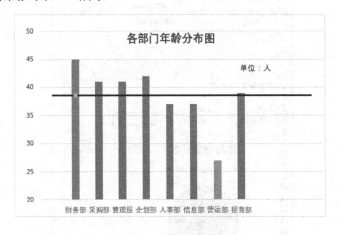

图 5-35　最后的效果图

5.2.4　饼图

饼图用于对比几个数据在其形成的总和中所占的百分比值时最为有用，整个饼代表总和,每一个数用一个薄片代表。如考勤表中,每个部门在整个年度中各类请假所占的比例数,或在职员工表中各年龄层次人数占的比例图。

第一步:处理原始数据,利用数据透视表处理后,得到如图 5-36 所示的数据结果。

图 5-36 年龄层次分布数据图

第二步:将以上数据结果制作成饼图,常规的做法是在菜单栏中选择"插入"→"饼图",再选择中意的表现形式,如图 5-37 所示。

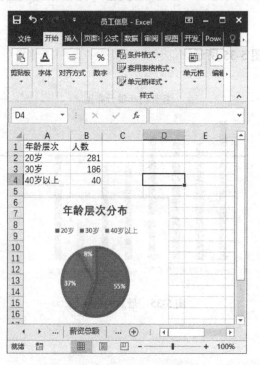

图 5-37 年龄层次分布饼图

第三步：对上面的饼图做一些修改，可以体现出立体感。在饼图的中间增加一个黑色的正圆，将透明度改成 40%，再在中间增加一个白色的正圆，即达到如图 5-38 所示的效果。

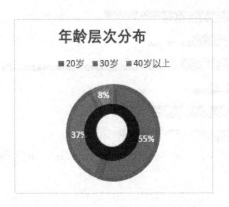

图 5-38　年龄层次分布图优化后的效果图

5.2.5 旋风图

旋风图通常是两组数据之间的对比，它的展示效果非常直白，两组数据孰强孰弱一眼就能够看出来。例如，在考勤表中，可以通过旋风图来可视化两个不同部门的加班数据，非常清楚明了；也可以查看员工信息表中的在职员工表中各部门的男女人数趋势分布。

第一步：将原始数据进行相关处理后，得到如图 5-39 所示的结果。在菜单栏中选择“插入”→“柱状图”，选择“二维条形图”中的第一种样式，然后修改图表标题，得到如图 5-40 所示的效果。

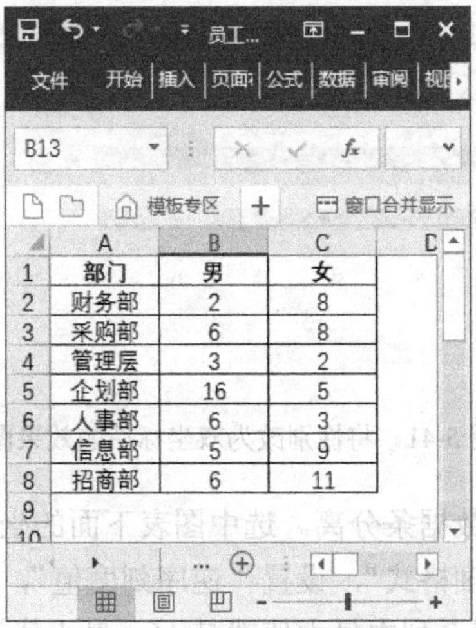

部门	男	女
财务部	2	8
采购部	6	8
管理层	3	2
企划部	16	5
人事部	6	3
信息部	5	9
招商部	6	11

图 5-39　各部门性别人数

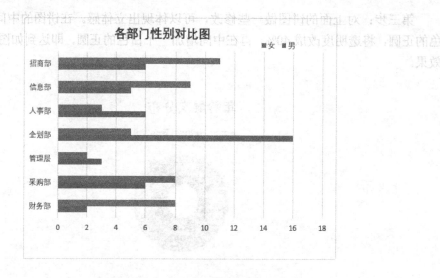

图 5-40　各部门性别对比图

第二步：这是两个系列的可视化图，将"女"系列改为次坐标。选中图中橘色的条形图，单击右键，在弹出的快捷菜单中选择"设置数据系列格式"→"次坐标"，效果如图 5-41 所示。

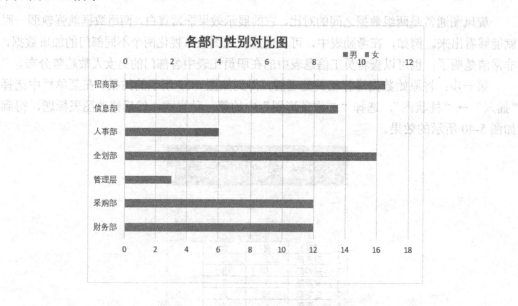

图 5-41　将性别改为双坐标后的效果图

第三步：将两个系列的数据条分离。选中图表下面的坐标轴后单击右键，在弹出的快捷菜单中选择"设置坐标轴格式"，设置"逆序刻度值"，设置主坐标轴的边界值，最小为-20，最大为 16（在数据系列中最大值就是 16，最小值设置为-20，是为中间的纵坐标标签留位置）；单击图表上方的次坐标，单击右键选择"设置坐标轴格式"，设置主坐标轴的边界值，最小为-20，最大为16。得到如图5-42所示的效果。

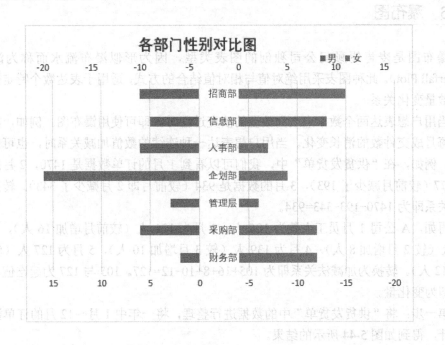

图5-42 数据条分离后的效果图

第四步：美化图表。删除网格线和主、次坐标标签，得到如图5-43所示的效果。

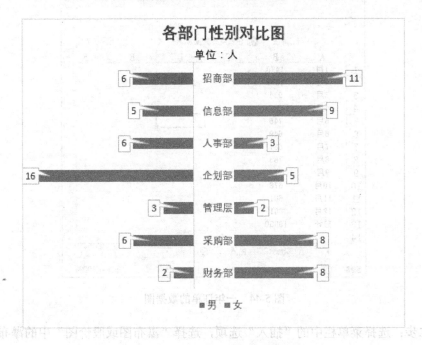

图5-43 美化后的最终效果图

5.2.6 瀑布图

瀑布图是麦肯锡顾问公司独创的图表类型，因为形似瀑布流水而称为瀑布图（Waterfall Plot）。此种图表采用绝对值与相对值结合的方式，适用于表达数个特定数值之间的数量变化关系。

当用户想表达两个数据点之间数量的演变过程时，即可使用瀑布图。例如，期中与期末每月成交件数的消长变化。当用户想表达一种连续的数值加减关系时，也可使用瀑布图。例如，在“供货发货单”中，我们可以看到 1 月的订单数据是 1470，2 月的数据是 1277（较前月减少了 193），3 月的数据是 934（较前月即 2 月减少了 343）。转换为加减法关系即为 1470−193−343=934。

再如，A 公司 1 月员工人数为 105 人，2 月为 121 人（较前月增加 16 人），3 月为 129 人（较 2 月增加 8 人），4 月为 139 人（较 3 月增加 10 人），5 月为 127 人（较 4 月减少 12 人）。转换为加减法关系即为 105+16+8+10−12=127。105 与 127 为起讫值，其他数值即为变化量。

第一步：将“供货发货单”中的数据进行整理，将一年中 1 月～12 月的订单数据进行统计，得到如图 5-44 所示的结果。

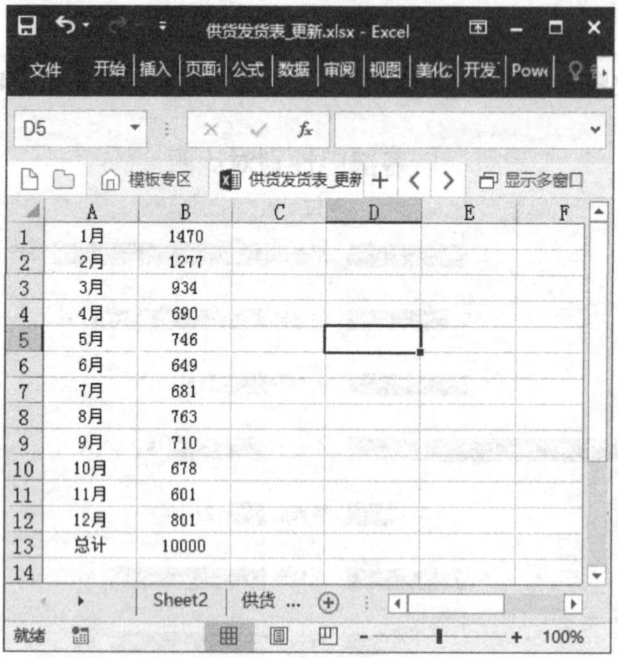

	A	B
1	1月	1470
2	2月	1277
3	3月	934
4	4月	690
5	5月	746
6	6月	649
7	7月	681
8	8月	763
9	9月	710
10	10月	678
11	11月	601
12	12月	801
13	总计	10000

图 5-44　一年订单的数据图

第二步：选择菜单栏中的“插入”选项，选择“瀑布图或股价图”中的瀑布图，效果如图 5-45 所示。

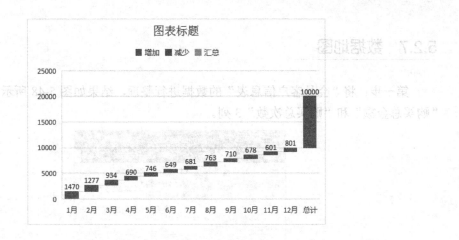

图 5-45　一年的订单数据瀑布图

第三步：修改图形。修改图表标题为"一年的订单数量变化"，增加"单位：单"，删除网格线。将"总计"数据列设置为"设置为总计"的数量类型，如图 5-46 所示，整理后的最终效果如图 5-47 所示。

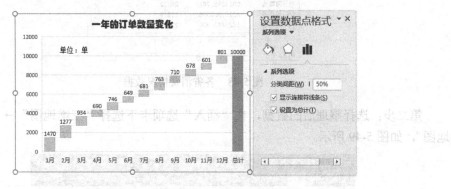

图 5-46　选择数据列设置为总计图

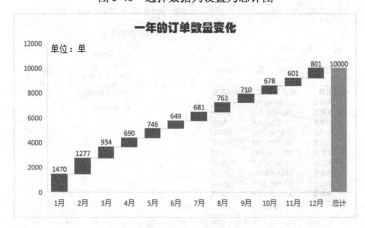

图 5-47　最终的效果图

5.2.7 数据地图

第一步：将"会员客户信息表"的数据进行整理，结果如图 5-48 所示，有"省份"、"购买总金额"和"购买总次数"3 列。

图 5-48　各省消费情况数据

第二步：选择整理后的数据，在"插入"选项卡下选择"三维地图"→"打开三维地图"，如图 5-49 所示。

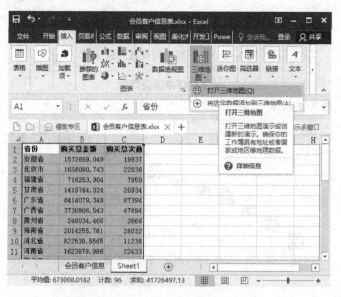

图 5-49　插入三维地图

第三步：在弹出的设置三维地图对话框中，设置"数据"、"位置"、"值"的相关值。在数据类型的选项中选择热点地图，在"位置"中选择"省份"作为位置的字段值，在"值"中选择"购买总金额"，如图 5-50 所示。

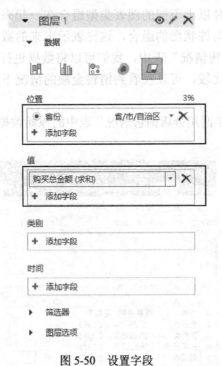

图 5-50　设置字段

第四步：进行一些美化修饰后，得到如图 5-51 所示的效果。

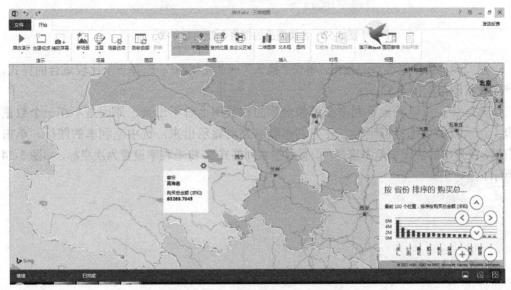

图 5-51　三维数据地图的最终效果图

5.2.8 折线图与柱状图的组合

组合图是两种或两种以上不同的图表类型组合在一起来表现数据的一种形式，最常见的组合图是折线图与柱状图的组合，这样表示出来的数据形式更为直观。例如，在"2016年四川分店销售情况"表中，我们可以将数据进行整理，通过不同商品分类的销售金额与毛利率的比较，可以在看到销售金额的情况下，得出此类商品的毛利率情况。

第一步：将"2016年四川分店销售情况"表中的原始数据进行整理，得到如图5-52所示数据结果。

图5-52 各类商品的销售金额及毛利率

第二步：选择整理后的数据，单击"插入"→"柱状图"，选择一个比较适合的样式，产生柱状图，如图5-53所示。

第三步：可以看出毛利率在销售金额的柱状图上看不出来，原因是不在一个数量级上，所以必须选择双坐标，使毛利率能够突出显示出来。选中毛利率的图标，单击右键，在弹出的快捷菜单中选择"设置数据系列格式"，将毛利率设置为次坐标，如图5-54所示。

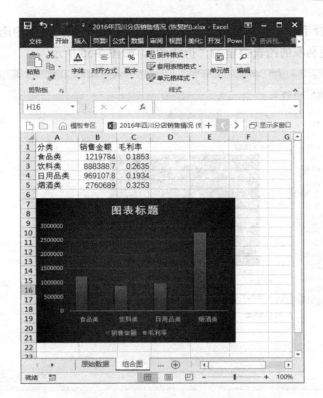

图 5-53　各类商品的销售金额及毛利率的柱状图

图 5-54　设置双坐标图

第四步：选择毛利率的柱状图，单击右键，在弹出的快捷菜单中选择"更改系列图表类型"，设置毛利率的图表类型为"折线图"，如图 5-55 所示。

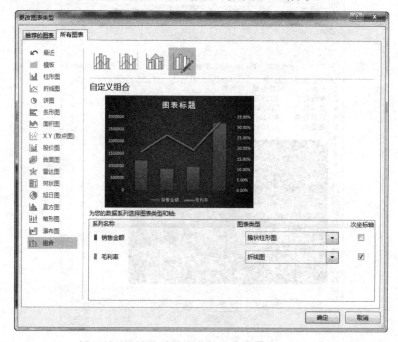

图 5-55　设置不同的图表类型

第五步：美化图表显示效果。设置数据标签格式里的各种格式，直至调整到合适的表达式，然后修改相关的数据标题，最终效果如图 5-56 所示。

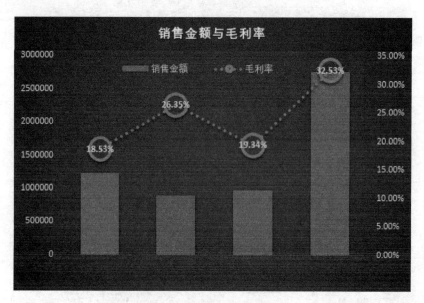

图 5-56　最终的效果图

5.2.9 动态图

1. 数据透视图

在员工信息表中的在职员工表中,一打开全是数据,很难看出自己想要的结果,整个数据表一共有 500 多条数据,作为管理层的人员来说,只需要看到部门之间人数的分布,或是性别的分布与对比,具体详细的数据不需要去了解。所以用数据透视图的形式,可以由操作人员手动实现部门之间数据分布的动态显示效果。

第一步:在菜单栏中选择"插入"→"数据透视图",如图 5-57 所示。

图 5-57 插入数据透视图

第二步:在弹出的"创建数据透视图"对话框中选择需要操作的参数,选择数据表中的 C 列性别、D 列部门,在"选择放置数据透视图的位置"下面选择"新工作表",如图 5-58 所示。

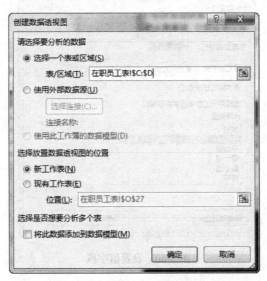

图 5-58 "创建数据透视图"对话框

第三步:在新的工作表中会出现创建透视图所需要的操作界面,将性别、部门字段增加到轴(类别)中,再将性别列增加到值中,并在"值字段设置"对话框中选择"计数",如图 5-59 和图 5-60 所示。

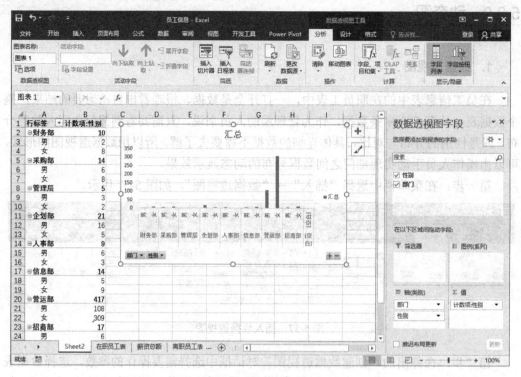

图 5-59 插入的数据透视图及表

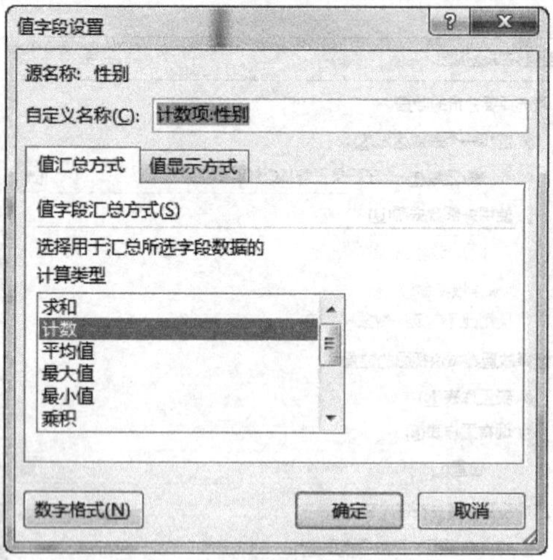

图 5-60 设置值字段

第四步:创建数据切片器。在"分析"中选择"插入切片器",如图 5-61 所示,用作数据筛选,在弹出的对话框中勾选性别与部门字段。

图 5-61　设置切片数据

第五步：调整切片器的格式。选择其中一个切片器，单击右键选择"大小和属性"，在弹出的"格式切片器"中选择需要调整的相关属性。这里最需要进行修改的就是将数据选项放在一行中，因此将部门的列数改为 4，性别的列数改为 1，如图 5-62 所示。

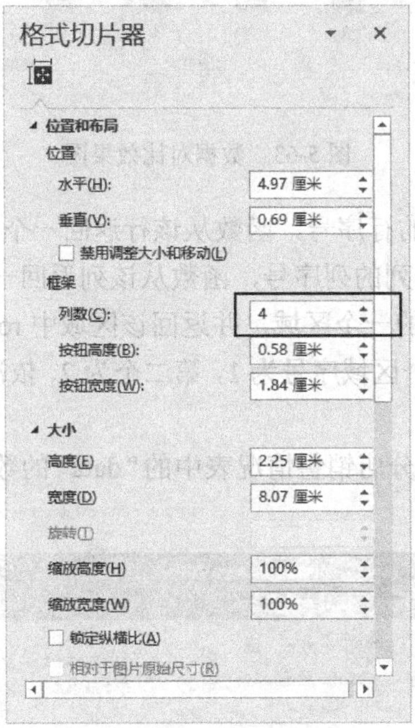

图 5-62　设置格式切片器

第六步：完成操作，可以任意选择不同的部门、不同的性别进行数据对比。如图 5-63 所示，将企划部、信息部、招商部的性别数据进行对比。

2. INDEX

INDEX 的语法如下：

INDEX(reference,row_num,column_num,area_num)

reference：对一个或多个单元格区域的引用。如果为引用输入一个不连续的区域，则必须用括号括起来。如果引用中的每个区域只包含一行或一列，则相应的参数 row_num 或 column_num 分别为可选项。例如，对于单行的引用，可以使用函数 INDEX(reference, column_num)。

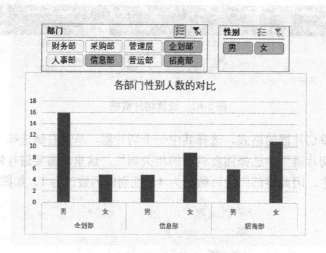

图 5-63　数据对比效果图

row_num：引用中某行的行序号，函数从该行返回一个引用。

column_num：引用中某列的列序号，函数从该列返回一个引用。

area_num：选择引用中的一个区域，并返回该区域中 row_num 和 column_num 的交叉区域。选中或输入的第一个区域序号为 1，第二个为 2，依次类推。如果省略 area_num，函数 INDEX 使用区域 1。

第一步：将 2016 年四川分店销售情况表中的"data"的数据进行处理，得到如图 5-64 所示的数据结果。

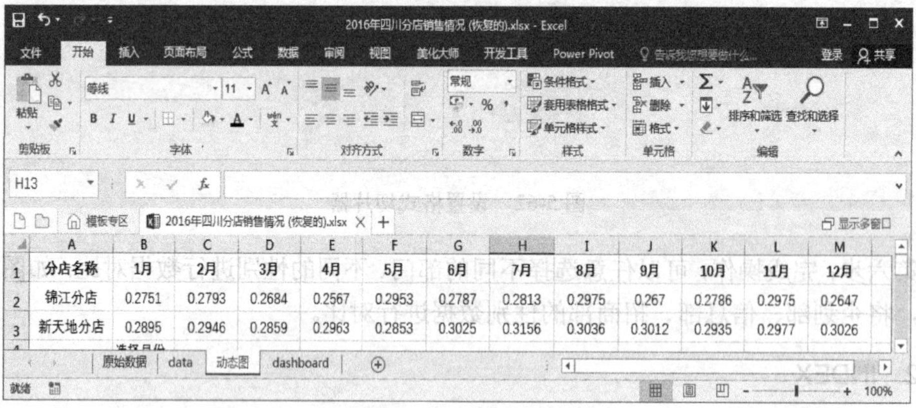

图 5-64　数据整理后的结果

第二步：选择[B2:M2]，进行复制，单击[A6]单元格，单击右键，在弹出菜单中选择"选择性粘贴"中的"转置"，则将一行的月份数放在一列中，如图 5-65 所示。

第5章 数据展示

图 5-65 将数据进行转置

第三步：在"开发工具"→"插入"→"表单控件"中选择"组合框"图标，设置"组合框"的"控制"属性，如图 5-66 和图 5-67 所示。

图 5-66 插入组合框图

图 5-67 设置组合框的控制数据选项

127

第四步：定义名称。在菜单栏中选择"公式"→"定义名称"选项，打开"名称管理器"对话框，在"名称"处输入数据的名称"毛利率"，在"引用位置"处输入公式"=INDEX(动态图!$B$2:$M$3,,动态图!$B$5)"，增加一个名称"表头"，在"引用位置"处输入公式"=INDEX(动态图!$B$1:$M$1,动态图!$B$5)"，如图5-68和图5-69所示。

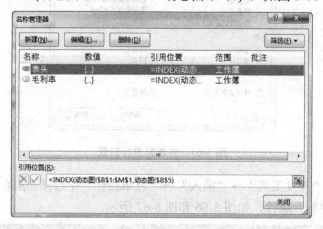

图5-68　设置表头的数据参数1

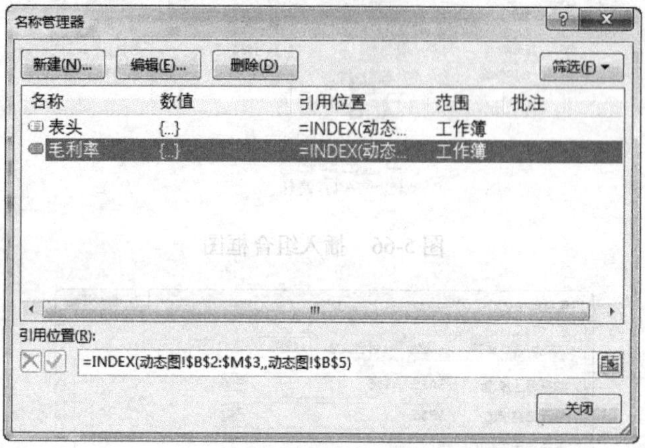

图5-69　设置表头的数据参数2

第五步：制作图表。选择[A1:B3]的数据，在菜单栏中选择"插入"→"图表"→"柱形图"，结果如图5-70所示。

第六步：右键单击新建的图，选择"选择数据"，在弹出的对话框中使用刚才定义的名称，如图5-71所示。

第七步：将产生的数据列中不需要的数据的字体颜色设置为白色，删除操作的痕迹，最后的效果如图5-72所示，可以动态地比较两个分店在选择月份的毛利率的对比。

第5章 数据展示

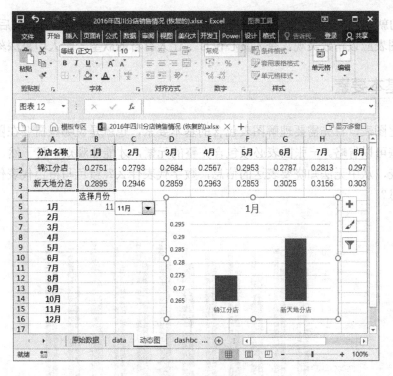

图 5-70 插入柱状图

图 5-71 编辑数据系列

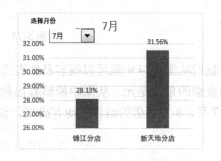

图 5-72 最终效果图

5.3 图表专业化

通过前面的学习，分析结果出来了，但如何更好地展示给观众，需要对图表进行专业化处理。图表做得专业才有说服力，专业的图表同时传递着专注、敬业的形象，更容易获得客户的信任和老板的赏识。

专业化图表可以概括为三个词：严谨、简约、美观。首先，图表是为了证明一个观点及事实而存在的，专业也就意味着严谨，不允许一点细微的错误，追求细节的完美；

129

其次，简约就是图简意赅，图表只是为了说明观点，不需要过多的修饰；最后，是美观，设计出的图表应该精致美观，令人赏心悦目，让人有看的欲望，给人印象深刻。

5.3.1 基本要素

专业化图表，首先需要理解图表包含的基本要素，也就是说哪些需要在图表中显示出来，哪些可以省略。一张图表必须包含完整的元素，才能让观众一目了然。如图 5-73 所示的图表，从中无法知晓要表达的信息，数字代表什么？蓝色与橙色代表什么？想表达什么意思？

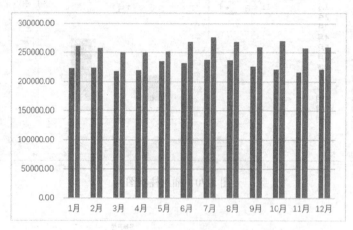

图 5-73　不规范的图表

我们从图 5-74 中就可以很容易地看出这是 2016 年四川两家分店的销售情况对比图，销售金额的单位是元，从图中能够看出锦江分店的销售额每个月均低于新天地分店，6月、7月、8月两店的销售额均有提高，说明 6、7、8 月是销售的旺季，等等。

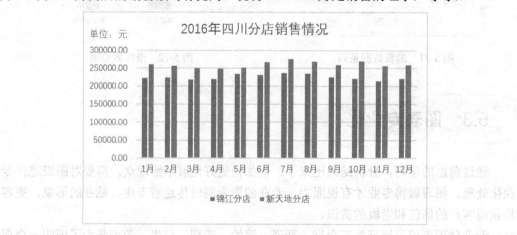

图 5-74　规范的图表

标题、图例、单位、脚注等这些元素是必需的，如果是商务数据，最好注明数据的来源，有了这些才能让用户更好地理解我们的图表，胜过长篇大论的解释。

在设计自己的图表时需要注意以下几点：

第一，避免生出无意义的图表，如果出来的图表看不出任何有价值的信息和结论，这样的图表可以不要。

第二，不要把图表撑破，不要在一张图表里塞太多信息。最好一张图表反映一个观点，这样才能突出重点，让读者迅速捕捉到核心。

第三，简约够用即可，不选复杂的。

第四，标题最好用一句话标题，通过标题最好就能知道要表达的中心思想，如把标题"公司销售情况"修改为"公司销售额翻了一番"等。

5.3.2 基本配色

图表中的颜色运用，其重要性不言而喻，对于非设计专业人士，对色彩的运用往往不是很有把握，做出的图表用色上常常花哨或者脏乱，难以达到专业的效果。从商业杂志或专业网上的图表借鉴配色，则不失为一种非常保险和方便的办法。

下面简单介绍几个比较突出的基本配色。

1.《经济学人》常用的藏青色

《经济学人》上的图表，如图 5-75 所示，基本只用这一个颜色，或加上一些深浅明暗变化，再就是左上角的小红块，成为经济学人图表的招牌样式，各类提供专业服务的网站也多爱用此色。

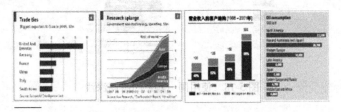

图 5-75 《经济学人》上的图表

2.《商业周刊》常用的蓝红组合

蓝红组合，如图 5-76 所示，是商业周刊图表的招牌标志，应该是来源于其 VI 系统。

3.《华尔街日报》常用的黑白灰

《华尔街日报》是一份报纸，所以图表多是黑白的，如图 5-77 所示，但就是这种黑白灰的组合，做出的图表仍然可以非常专业，配色也非常容易。

图 5-76 《商业周刊》图表蓝红组合

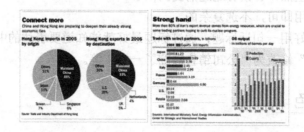

图 5-77 《华尔街日报》常用的黑白灰

4. 使用同一颜色的不同深浅

如果既想使用彩色，又不知道配色理论，可在一个图表内使用同一颜色的不同深浅、明暗。如图 5-78 所示，这种方法可以用丰富的颜色，配色难度也不高，是一种很保险的方法，不会出大问题。当然，最深/最亮的要用于最需要突出的序列。

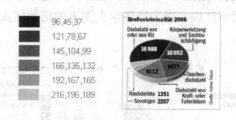

图 5-78 使用同一颜色的不同深浅

5.《FOCUS》常用的一组色

这组颜色是从组织的 Logo 而来的，如图 5-79 所示，比较亮丽明快，也可结合自己公司的 Logo 来为自己的图表配色。

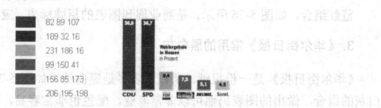

图 5-79 《FOCUS》常用的一组色

6. 橙+灰组合

设计师们喜好把橙+灰的颜色组合用于自己的宣传，似乎这样能体现设计师的专业性，如图 5-80 所示，如 Inmagine、Nordrio 的 Logo 就是这样的。

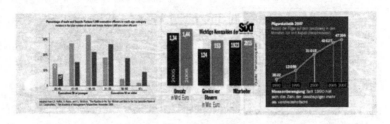

图 5-80　橙+灰组合

7. 暗红+灰组合

这种红+灰的组合给人很专业的印象，如图 5-81 所示，也经常出现在财经杂志上。

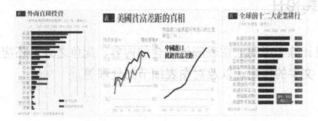

图 5-81　暗红+灰组合

8. 橙+绿组合

这种橙+绿的组合比较亮丽明快，充满活力，如图 5-82 所示，也经常出现在财经杂志上。

图 5-82　橙+绿组合

9. 黑底图表

黑底图表有着最为强烈的黑白对比，显得比较专业、高贵，黑底的图表其特点非常明显，如图 5-83 所示。

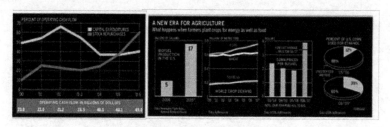

图 5-83 黑底图表

其实最简单的配色可以使用 Excel 自带的模板，也可以自己设计或从网上下载自己满意的模板，实现色彩的搭配。

5.3.3 商务图表设计

商务图表的设计除考虑商业图表应该包含的内容、配色之外，还应该考虑整个图表文字图表的布局、文字的搭配，以及对图表细节的处理等。

1. 合理布局

不同领域的图表有不同的外观布局风格，如公司商务、社会统计、工程技术等。在 Excel 的默认作图中，无论选择何种图表类型，生成图表的默认布局都如图 5-84 所示的样式，整个图表中主要包括标题、绘图区、图例三个部分。

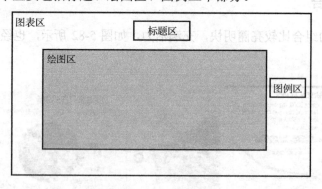

图 5-84 Excel 的默认布局

但这种布局存在很多不足，例如：标题不够突出，信息量不足；绘图区占据了过大的面积；绘图区的四周浪费了很多地方，空间利用率不高；特别是图例在绘图区右侧，阅读视线左右跳跃，需要长距离检索、翻译。

而我们观察商业图表的布局,很少会发现这种样式的布局。图 5-85 是对一个典型商业图表的构图分析,从上到下可以抽象出 5 个部分:主标题区、副标题区、图例图、绘图区、脚注区。

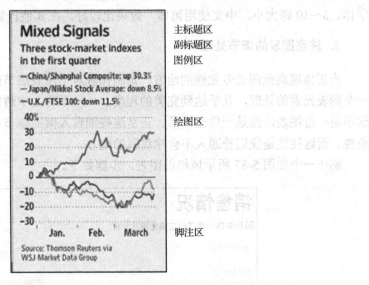

图 5-85　商业图表常用布局

几乎所有的商业图表都符合这一构图原则,可以说它是商业图表背后的布局指南。其特点有:完整的图表要素;突出的标题区;从上到下的阅读顺序。

2. 使用简洁醒目的字体

商业图表非常重视字体的选择,因为字体会直接影响图表的专业水准和个性风格。商业图表多选用无衬线类字体。如图 5-86 所示的《商业周刊》图表案例,其中的阿拉伯数字使用的是专门订制的 Akzidenz Grotesk condensed bold 字体,风格非常鲜明。

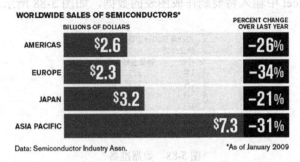

图 5-86　商业周刊图表示例

而一般情况下常规安装的 Excel,新建文档会默认使用宋体、12 磅的字体,平时很少会想到去修改它。由于阿拉伯数字的字体原因，在这种设置下作出的表格、图表，很难呈现出专业的效果。

字体属于设计人员的专业领域，为简单起见，建议对图表和表格中的数字使用 Arial 字体、8～10 磅大小，中文使用黑体，效果比较好，在其他计算机上显示也不会变形。

3. 注意图表的细节处理

真正体现商业图表专业性的地方，是制作者对于图表细节的处理。请注意他们对每一个图表元素的处理，几乎达到完美的程度。一丝不苟之中透露出百分百的严谨，好像这不是一份图表，而是一件艺术品。正是这些细致入微的细节处理，才体现出图表的专业性。而这往往是我们普通人不会注意到的地方。

制作一个如图 5-87 所示风格的图表，步骤如下。

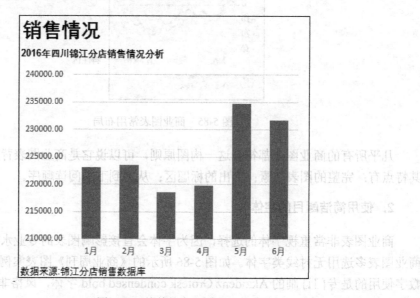

图 5-87　简单的商业图表

第一步：在 Excel 中输入将要制作成图表的数据，如图 5-88 所示。

	A	B
1	2016年四川分店销售情况	
2	锦江分店	
3	月份	销售金额
4	1月	223152.25
5	2月	223534.32
6	3月	218582.68
7	4月	219745.35
8	5月	234764.37
9	6月	231787.64

图 5-88　数据准备

第二步：选中数据源，单击“插入”中的柱形图，得到默认样式的图表，如图 5-89 所示。

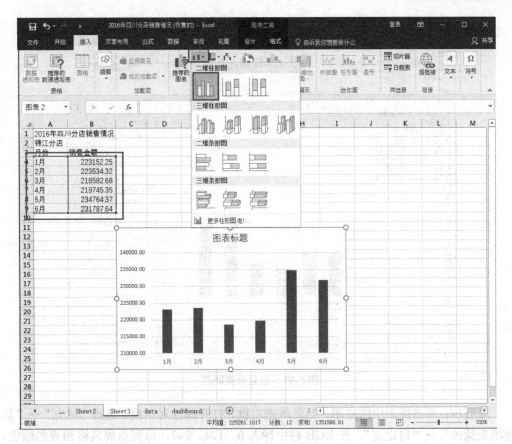

图 5-89　默认样式图表

第三步：进行简单的格式化，删除标题，得到如图 5-90 所示的图表。

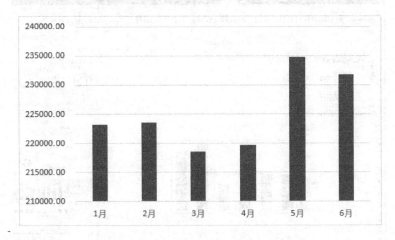

图 5-90　删除标题后的图表

第四步：双击柱形，设置数据系列格式，将分类间距设置为 100%，使柱形变粗，彼此靠近，如图 5-91 所示。

数据可视化分析（Excel 2016+Tableau）

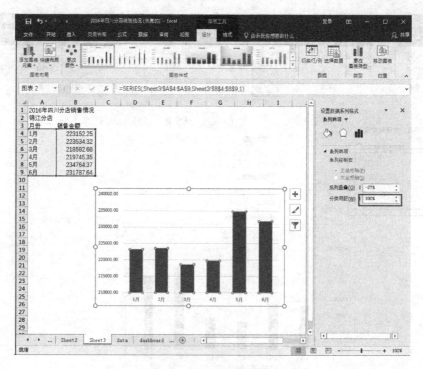

图 5-91　设置分类间距

第五步：单击图表中的柱形，然后单击右键，打开属性对话框。选择"填充"→"其他填充颜色"→"自定义"，在 RGB 栏中输入 0、174、247，得到商周风格图表的颜色；同时选中整个图表，单击轮廓，将轮廓设置为无轮廓，如图 5-92 所示。

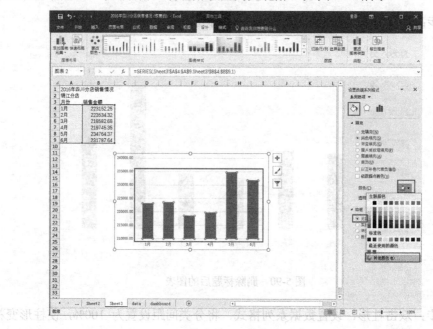

图 5-92　修改颜色

第六步：接着单击纵坐标，调出坐标轴选项，将最小值设为 210 000，最大值设为 240 000，将主要单位设为 5000，次要单位选择自动，如图 5-93 所示。

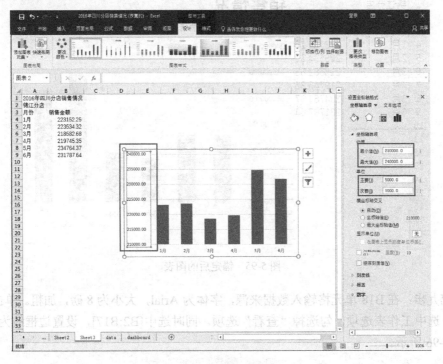

图 5-93　设置纵坐标

第七步：将 C 列宽度拉宽到合适长度，然后在 C2 单元格输入标题，大小为 20 磅，字体可选为 Arial，加粗。然后在[B3:B5]单元格输入副标题，大小为 10 磅，字体依然为 Arial，加粗。效果如图 5-94 所示。

	A	B	C
1	2016年四川分店销售情况		
2	锦江分店		**销售情况**
3	月份	销售金额	**2016年四川锦江分店销售情况分析**
4	1月	223152.25	
5	2月	223534.32	
6	3月	218582.68	
7	4月	219745.35	
8	5月	234764.37	
9	6月	231787.64	

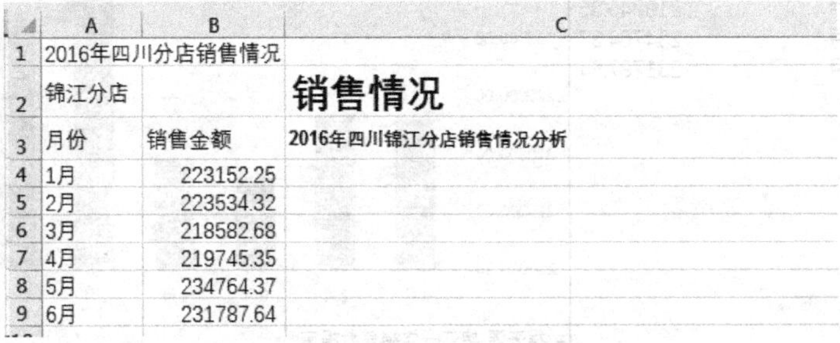

图 5-94　输入标题和副标题后的单元格

第八步：选中图形，按住 Alt 键将图表拖到[C4:C17]区域，同时按住 Alt 键放大或缩小，使之正好填充。按住 Alt 键拖曳和放大/缩小实际上是使用了“锚定”功能，用于快速、精确地使图表与单元格对齐，如图 5-95 所示。

图 5-95　锚定后的图表

第九步：在 B18 单元格输入数据来源，字体为 Arial，大小为 8 磅，加粗。单击页面布局，选中工作表选项，勾选掉"查看"选项。同时选中[B2:B17]，设置边框线为黑色，如图 5-96 所示。

图 5-96　将要完成的图表

完成后的图表如图 5-97 所示。

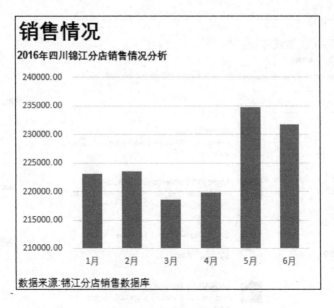

图 5-97 完成后的图表

5.4 拓展运用

在 Excel 2016 中，通过"插入"菜单中的 Office 应用商店，可以找到很多与数据分析相关的加载项，如图 5-98 和图 5-99 所示。

图 5-98 "插入"菜单中的 Office 应用商店

本书介绍可视化加载项 E2D3。E2D3 的全称为 Excel to D3.js，是 Excel 2016 的一款加载项，可以将数据进行可视化呈现，交互式操作。在 E2D3 中，已经有很多数据可视化模型，而且各个模型都是交互式、动态的，如图 5-100 所示。

E2D3 支持的可视化模型较多，使用方式简单，只需要套用标准数据即可一键生成。如 E2D3 中的柱状图，当选中柱状图后，单击 Visualize 按钮，便可以查看到模型中的数据格式，如图 5-101 所示。按照这个数据格式套用自己的数据，便可生成柱状图。这里套用 2016 年四川分店销售情况中的销售额数据，生成分店的销售额柱状图，如图 5-102 所示。当鼠标放在 E2D3 图表上时，会显示对应图形的详细信息。

图 5-99　Office 应用商店

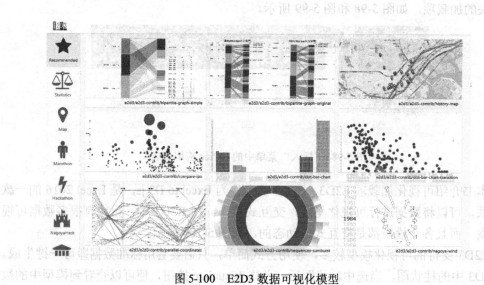

图 5-100　E2D3 数据可视化模型

	A	B	C	D	E	F	G	H
1	year	A	B	C	D	E	F	G
2	2010	403	150	0	144	48	410	803
3	2011	420	299	90	141	80	180	802
4	2012	468	440	97	95	48	42	860
5	2013	585	459	100	99	48	71	702
6	2014	462	634	89	80	44	104	670
7	2015	423	233	81	84	19	361	882

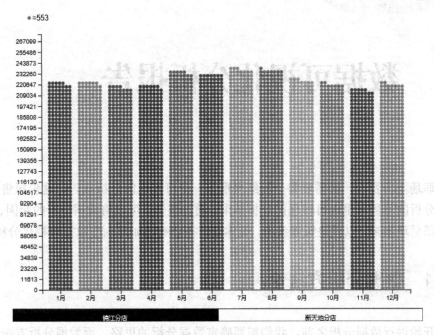

图 5-101　数据格式

图 5-102　E2D3 柱状图

习　题

1．结合案例数据——供货发货表中的产品类别、区域字段数据，制作产品类别为食品类、各区域的订单数量的折线图。

2．结合案例数据——供货发货表中的产品类别、区域字段数据，制作区域为华北、各产品类别订单数量的占比的饼图。

3．结合案例数据——供货发货表中的产品类别、销售额、订单数量字段数据，制作横坐标为产品类别、双坐标为销售额及订单数量的双坐标图。

4．结合案例数据——供货发货表中的省级字段数据，制作各省级的订单数量的热点地图。

5．结合案例数据——供货发货表中的产品类别、区域字段数据，制作一个动态图，动态选择不同区域，显示各产品类别的订单数量。

第 6 章 数据可视化分析报告

在职场上,我们一般需要将分析结果形成一份可视化的分析报告,这份报告应该根据数据分析的目标来呈现可视化的分析结果。通过报告,可以将数据分析的起因、过程、结果全部呈现出来,以供决策者参考。在本章,将会阐述如何制作数据可视化分析报告。

6.1 数据分析方法论

在开始进行数据分析之前,我们需要确定数据分析的思路。而数据分析方法论可以为我们提供分析思路,比如分析的主要内容是什么,是否需要指标来体现,从哪些方面进行分析,主要考虑的内容有哪些等。通过本书第 1 章和第 4 章的学习,我们已经了解了一些数据分析方法,而这里的数据分析方法论是具体的指导思想,如统计学的理论以及各个专业领域的相关理论等都可以为分析提供思路,都可以称为数据分析方法论。以下介绍几种与营销和管理相关的数据分析方法论。

6.1.1 5W2H 分析法

5W2H 分析法又叫七何分析法,是由 5 个 W 开头的单词以及 2 个 H 开头的单词组成,如图 6-1 所示。

该分析方法广泛用于企业管理各种活动中,有助于企业决策,也有助于弥补考虑问题的疏漏。对数据分析而言,有助于形成分析思路,建立分析框架,排查分析中的疏漏情况。

以网站会员用户数据分析为例,用 5W2H 分析法来进行分析,分析思路为以下七个步骤。

图 6-1 5W2H 分析法图示

1. What：做什么？

普通用户购买会员的目的是什么？会员服务在哪些地方吸引普通用户？如何吸引普通用户购买会员？

2. How：怎么做？

通过会员网站访问数据，会员流失数据进行分析，得出结论。找到用户需求，提高服务质量。

3. Why：为什么？

为什么会员会流失？不能吸引会员继续购买会员服务的原因是什么？为什么不能吸引普通用户购买会员服务？

4. When：何时？

普通用户是何时转变为会员用户的？会员流失是何时？

5. Where：何地？

普通用户是通过哪种营销渠道进行购买的？会员所在地区分布是怎样的？

6. Who：谁？

会员用户有什么特点？普通用户有什么特点？整个网站的客户群体有什么特点？

7. How much：多少？

目前会员销量是多少？会员购买服务平均每月消费多少？

确定此分析思路后，根据 5W2H 分析法中的问题确定量化指标，形成数据分析报告，最终为管理层提供决策参考。

6.1.2 SWOT 分析法

SWOT 分析法是源于麦肯锡咨询公司的一种分析方法，SWOT 代表企业的优势、劣势、机会、威胁四个方面，其中优势和劣势、机会和威胁是分析的对立面，如图 6-2 所示。

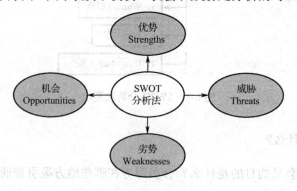

图 6-2 SWOT 分析法图示

以连锁超市会员数据分析为例，我们用 SWOT 分析法来进行分析，分析思路如下。

1. Strengths：优势

会员增长的趋势如何？顾客成为会员的渠道是否具有多样性？连锁超市分店数量增长趋势如何？

2. Weaknesses：劣势

最近一个月没有消费记录的会员数量是否增加？会员账户冻结的数量有多少？

3. Opportunities：机会

最近连锁超市官方微博的转发热议带来良好的企业形象，是否对会员数量的增长有帮助？

4. Threats：威胁

竞争对手最近采取了什么渠道的促销？这些促销活动对本超市是否有威胁？

根据以上的分析思路，我们可以分析外部条件以及内部条件，并从中找出对自身有利的、值得发扬的因素，以及对自身不利的、要避开的东西，发现存在的问题，从中得出一系列相应的结论，而这些结论通常带有一定的决策性，有利于管理层做出较正确的决策或规划。

6.1.3 4P营销理论

4P营销理论是来源于营销的一种分析方法,包含产品、价格、渠道、促销这四个基本策略组合,企业为了寻求一定的市场反应,对这四个策略要素进行有效的组合,从而满足市场需求,获得最大利润,如图6-3所示。

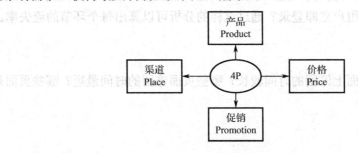

图6-3 4P营销理论图示

对数据分析而言,一般将4P营销理论用于产品销售数据分析,构建分析的框架。以某公司产品销售数据分析为例,使用4P营销理论来进行分析,形成以下分析框架。

1. Product:产品

公司提供什么产品?哪个产品销售量最高?购买销售量最高产品的用户群体有什么特征?

2. Price:价格

用户是否能够接受产品价格?公司产品的销量趋势是什么?公司销售成本是否在增加?

3. Promotion:促销

促销活动的成本是多少?回报率有多高?投放各种渠道的广告是多少?转换率为多少?

4. Place:渠道

公司的销售渠道有多少?用户主要购买渠道是什么?每种消费渠道的成本是多少?

根据以上的分析思路,将其细化为具体的指标,形成一份有关产品销售的数据分析报告。

6.1.4 用户行为分析理论

用户行为分析理论一般是针对网站用户,该理论中有很多分析指标,比如访问量、回访次数、跳出率等,主要研究用户在网站上发生的所有行为,对相关网站用户数据进行分析,发现网站用户规律,以帮助网络营销策略的制定。这里以三个应用场景为例,进行某在线网站用户行为分析。

1. 注册转换场景

网站浏览用户有多少比例的人进入了注册页面?在注册页面有多少比例用户成功注册?注册成功后有多少用户立即登录?通过这样的分析可以算出每个环节的流失率。

2. 用户使用场景

网站用户在哪些页面上停留的时间较长?哪些页面停留的时间最短?哪些页面是用户最后浏览的页面?

3. 用户留存场景

最近一个月普通用户转换为活跃用户的比例是多少?活跃用户数量是否下降?

6.2 数据可视化分析报告结构

数据可视化分析报告是根据数据分析方法搭建出分析框架,并运用数据分析结果可视化的展现分析对象本质、规律或者问题,得出一定的结论或者提出解决问题的建议。

在职场上,数据可视化分析报告有一般性结构,这种结构根据具体分析的报告可能会有一些变化。一般性结构由以下七部分组成。

1. 标题

标题需要高度概括该分析的主旨,一般要求精简干练,点明该可视化分析报告的基本主题或者观点。例如,《A 公司 2016 年零售数据分析》、《A 公司客户流失分析》、《2016 年度手游市场年度数据分析报告》。

2. 目录

在目录中列出报告的主要章节,一般展现二级标题即可。在职场中,如果一份可视化分析报告涉及的内容特别多,那么对于可视化分析这一部分,可以详细列出该部分的各级子目录,方便公司的管理层人员高效查阅以及快速了解分析结构。

3. 背景与目的

此部分提供数据可视化分析报告的背景以及目的。分析报告的背景一般阐述在什么环境、条件下进行的,即分析的基础;分析报告的目的阐述为什么要做这个分析报告,也就是分析的意义所在。

以《A 公司 2016 年零售数据分析》为例，此部分阐述的背景应该包含当前公司的业绩，当前公司面临的竞争环境以及挑战等；分析的目的是为下一年的运营工作提供参考和指导。

4. 分析思路

分析思路即数据分析方法论用来指导分析是如何进行的，也是分析的理论基础。统计学的理论以及各个专业领域的相关理论等都可以为分析提供思路。在写作上主要根据分析思路来确定分析的内容或者相关指标，一般不需要详细地阐述这些思路，只需言简意赅地阐述相关理论，让阅读者对此有所了解即可。

5. 可视化展现

此部分是数据可视化分析报告的关键，也是最重要的部分，它将全面地展现分析的结果。此部分需要注意以下几个问题。

（1）客观准确。首先数据必须是真实有效的，不能为了达到某一目的而编造数据。其次在用词上也必须客观准确，不能有主观意见，不能使用"大概"、"可能"等模糊词汇。

（2）篇幅适宜。不能误认为分析报告是写得越多越好。可视化分析报告质量的高低取决于是否能够解决问题，是否能够帮助管理层进行决策，否则报告写得再多也没有意义。

（3）专业化分析。对业务不了解的分析者容易写成看图讲话，比如根据图表讲某某指标的趋势是上升或者下降，这种分析没有实际意义，需要结合公司业务或者专业理论进行分析。

6. 分析总结

此部分对整个报告得出结论，并给出相关建议，是解决问题的关键，一般以综述性文字来阐述，找到分析结果里面的本质或者规律，并且结论要与可视化展现部分的内容统一，与分析的目的意义相互呼应。结论必须实事求是，客观实际，不能脱离数据，泛泛而谈，而且应该结合公司的实际提出切实可行的建议。

7. 附录

提供正文分析中涉及的相关数据或者资料，并不是必需的。附录的内容可以是以下两种情况。

（1）当分析报告用到的相关理论比较复杂时，为了保证正文的简洁，又要保证分析报告的完整性，可以在附录提供更为详细的信息，对于了解正文有重要的补充意义。

（2）分析报告用到的重要的原始数据。一般原始数据的篇幅都很大，但是为了保证客观以及可供查阅，就放在附录里面。

6.3 案例：人力资源数据分析报告

A 公司人力资源数据分析报告
目录（此处略）

6.3.1 分析背景与目的

A 公司成立于 2013 年，经过这几年的发展，其规模以及收入已经处于行业中上水平。伴随着公司业务的发展，截至 2016 年年底，员工人数已经增加到 507 人。

A 公司人力资源部 2017 年的工作重心是进一步完善管理体制，协助公司走向更加规范科学的管理。现对 2013 年至 2016 年公司人力资源数据进行分析，为 2017 年人力资源管理制度的完善以及社会招聘提供数据分析基础。

6.3.2 分析思路

本报告是基于 2013 年 2 月由人力资源管理部制定的《A 公司人力资源月报表》，对公司总部以及下属连锁店的人力资源数据进行数据汇总，主要数据包括员工基本情况、员工异动以及薪资情况，通过以上三方面的数据对公司总体人力资源状况进行分析。

6.3.3 人力资源数据分析

1. 基础人事分析

1）基础人事分析——员工人数以及员工增长率

2013 年至 2016 年随着公司业务规模的增长，员工人数从最初的 107 人增加至 507 人，公司员工规模扩大近 4 倍，总体呈增长趋势，但是增长率逐渐下降，如图 6-4 所示。

2014 年由于公司业务量的快速增长，员工人数较 2013 年增长 116.82%，导致经营成本的急剧增加。为配合公司降低经营成本，人力资源部从 2015 年开始放慢员工增长率，逐步探索员工岗位合理结构。

2）基础人事分析——新进员工分析

2016 年人力资源部根据公司业务需求严格把控招聘员工人数，总共招聘 91 人，如图 6-5 所示。按照公司营运部的需求，90%的员工入职部门为营运部，缓解了营运部的用人压力。

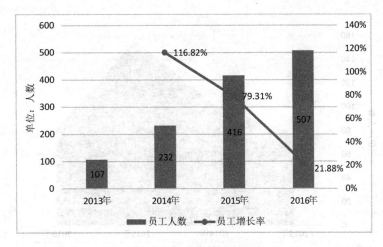

图6-4 员工人数以及员工增长率

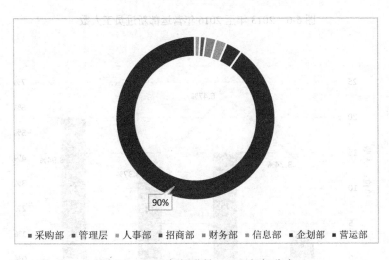

图6-5 2016年新进员工入职部门分布

从2013年到2016年,营运部一直是用人需求量最大的部门,如图6-6所示。2016年为缓解公司经营成本的压力,人力资源部优化营运部工作流程和组织结构,重新定岗,有效控制人工成本,严格把控社会招聘,2016年营运部招聘人数较2015年下降47.44%。在未来,营运部依旧是人力资源管理的重点,需要继续有效开展人力资源规划、深入进行职位分析。

3)基础人事分析——人力资源流动分析

从2013年至2016年,公司离职总人数为53人,每年离职率均为7%以下,如图6-7所示,低于零售行业平均离职率12.2%,公司人力资源保持相对稳定。

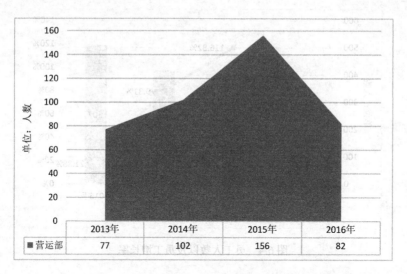

图 6-6　2013 年至 2016 年营运部新进员工人数

图 6-7　2013 年至 2016 年离职人数及离职率

针对 2014 年公司管理制度的完善以及非自愿性的员工离职率的明显升高，人力资源部于 2015 年重新明确了员工管理的相关制度，并加强了员工培训，降低了非自愿性员工的离职率，以减少员工流动性，从而降低公司的经营风险，如图 6-8 所示。今后人力资源部将继续强化部门自身管理，继续完善员工管理制度，促进员工成长，进一步降低非自愿性的员工离职率。

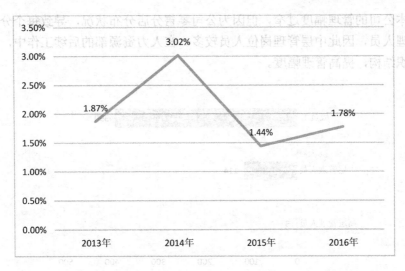

图 6-8 2013 年至 2016 年非自愿性员工的离职人数及离职率

2. 人力资源结构分析

1）人力资源结构分析——员工部门分布

关于各部门员工的配备数量与业务量的具体配比关系，本公司所在的零售业尚无统一标准，但根据行业习惯，员工配置基本上以零售店数量及规模作为参考。按照目前本公司的零售店数量及规模来讲，目前的人力资源配备数量基本合理。营运部门作为零售分店的重要人力资源支撑，员工数量占到总数的 82%，如图 6-9 所示。

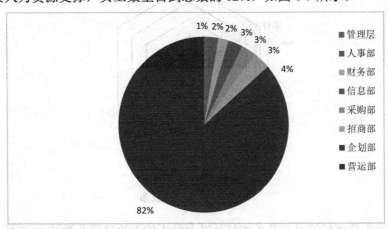

图 6-9 员工部门分布

2）人力资源结构分析——员工职务类别分布

本公司的岗位职务类别划分为一般员工、中层管理人员、高层管理人员三种，各种职务的人数情况如图 6-10 所示。从管理幅度（管理岗位人数与其他岗位人数的配置比例）上看，本公司的管理幅度为 1∶3.4。科学的管理幅度一般为 1∶5~1∶7。对比科学的管理幅度，本公司的管理幅度过窄，但因为公司零售分店分布状况，导致每个分店都需配备中层管理人员，因此中层管理岗位人员较多。在人力资源部的后续工作中，还需进一步优化组织结构，提高管理幅度。

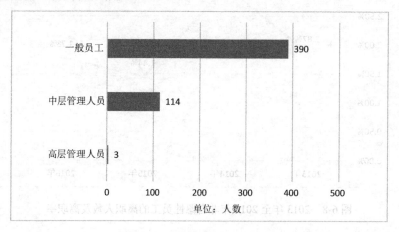

图 6-10　员工职务类别分布

3）人力资源结构分析——员工学历分布

本公司具备大专及以上学历人数占公司总人数的 92.11%，其中，具备本科学历人数占公司总人数的 46.55%，如图 6-11 所示。

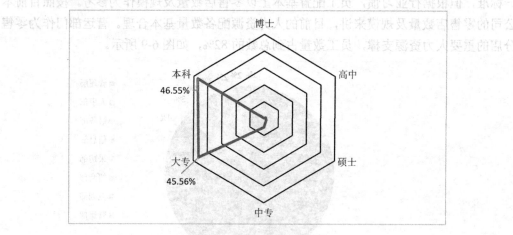

图 6-11　员工学历分布

职务类别为管理层的员工具备本科及以上学历的占管理层总数的 58.97%，一般员工中具备本科及以上学历的占一般员工总数的 42.82%，如图 6-12 所示。总体上来讲，本公司基本具备了一支较高学历的员工队伍。

4）人力资源结构分析——员工年龄分布

本公司在 20~29 岁年龄阶段的员工人数占公司总人数的 55.62%，30~39 岁年龄阶段的员工人数占公司总人数的 36.49%。由于营运部的业务对年龄有要求，所以目前阶段所有营运部员工的年龄都在 20～39 岁年龄段，如图 6-13 所示。从整体上来讲，整个员工队伍正处于年富力强阶段，有利于公司的快速成长。

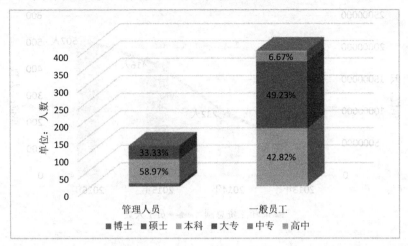

图 6-12　管理层人员和一般员工学历分布

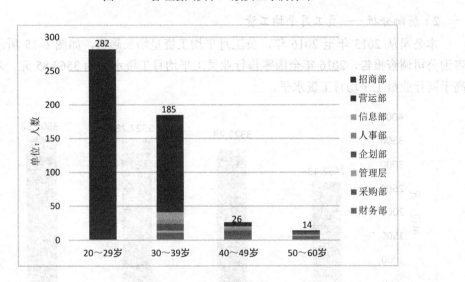

图 6-13　员工年龄分布

3. 薪酬分析

1）薪酬分析——工资总额

2013 年本公司员工人数 107 人，年工资总额 3 405 720.12 元。2016 年公司员工人数 507 人，人数较 2013 年增长近 4 倍，工资总额 21 918 096.72 元，较 2013 年增长 5 倍，员工年收入总体提高，如图 6-14 所示。

图 6-14　2013 年至 2016 年工资总额

2）薪酬分析——员工月平均工资

本公司从 2013 年至 2016 年，员工月平均工资呈增长趋势，如图 6-15 所示。据××咨询公司调查报告，2016 年全国零售行业员工平均月工资水平为 3563.85 元，本公司略高于同行业员工平均月工资水平。

图 6-15　员工月平均工资

3）薪酬分析——员工年工资增长率

2013 年至 2016 年员工年工资总体呈增长趋势，2015 年由于经营成本的压力，年工资增长率开始呈下降趋势，如图 6-16 所示。

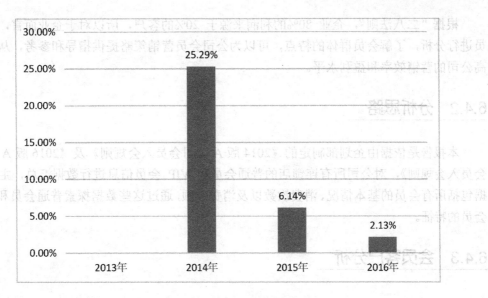

图 6-16 员工年工资增长率

6.3.4 分析总结

总体上讲，本公司目前人力资源结构基本合理，但主要问题集中在岗位结构上面，管理幅度较窄，管理人员相对过多，并且需要进一步提高员工工作效率，优化工作流程，减小经营成本压力。

2017 年公司人力资源部在进一步做好基础性工作的同时，需要加强定岗定员、培训与开发、人力资源管理制度建设以及优化员工结构，降低用人成本，不断开拓人力资源视野，把握人力资源新动态。

6.4 案例：A 公司会员分析报告

A 公司会员分析报告
目录（此处略）

6.4.1 分析背景与目的

从 2014 年，本公司下属零售店采用会员入会制度以来，经过 3 年多的发展，公司的普通会员已经达到 12 863 人，VIP 会员已经达到 8988 人，销售业绩在零售行业中取得了令人瞩目的增长。但是随着公司规模扩大，业务量增加的同时，也面临营业成本增加，竞争不断加剧的挑战。

根据"二八法则",企业 80%的利润来源于 20%的客户,所以对于企业而言,对会员进行分析,了解会员群体的特点,可以为公司会员营销策略提供指导和参考,从而提高公司的营销效率和盈利水平。

6.4.2 分析思路

本报告是依据由企划部制定的《2014 版 A 公司会员入会规则》及《2016 版 A 公司会员入会规则》,对公司所有连锁店的普通会员和 VIP 会员信息进行数据汇总,主要数据包括所有会员的基本情况、消费次数以及消费金额,通过这些数据探索普通会员和 VIP 会员的特征。

6.4.3 会员客户分析

1. 会员客户群体基本信息

1)会员客户群体基本信息——会员数量

2014 年至 2016 年,VIP 会员与普通会员均呈增长趋势,2016 年由于受到经营压力的影响,企划部提高了升级 VIP 会员的要求,VIP 会员增长趋势放缓,如图 6-17 所示。

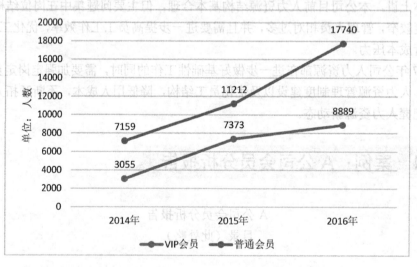

图 6-17　2014 年至 2016 年会员数量统计

2)会员客户群体基本信息——性别分布

会员群体中男女性别比例为 1∶3.35,VIP 会员群体中男性占比比普通会员群体中男性占比多 2 个百分点,如图 6-18 所示。

总体来讲,整个会员客户群体中女性占比为 77%,远大于男性,在进行营销策划时,应继续主要考虑女性群体的需求,并增加吸引男性会员的相关策略。

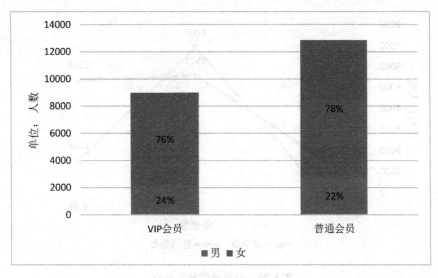

图 6-18 会员性别分布

3) 会员客户群体基本信息——年龄分布

VIP 会员客户与普通会员客户年龄段分布基本一致,由于入会规则为满 16 岁才能入会,所以除 0～19 岁年龄段,其他各个年龄段会员分布基本均衡,如图 6-19 所示。

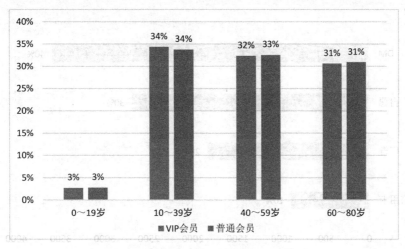

图 6-19 VIP 会员与普通会员年龄分布比率

4) 会员客户群体基本信息——婚姻状况

会员群体中,VIP 会员中已婚人士多于普通会员中已婚人士,VIP 会员中离异人士以及未婚人士均少于普通会员中离异人士以及未婚人士,如图 6-20 所示。依据本公司普通会员消费积分累积到一定程度可升级 VIP 会员的这一规则,可以反映已婚客户购买力度大于单身或者离异的客户。

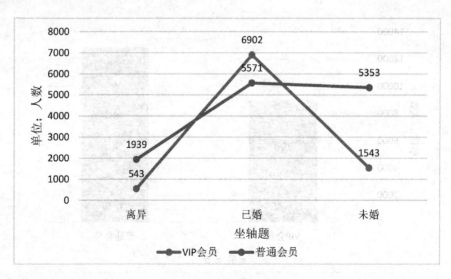

图 6-20 会员婚姻状况分布

5) 会员客户群体基本信息——会员入会渠道

会员入会渠道中通过 DM 入会最多,占到 40%,自愿加入的占到 30%,而通过广告和信息卡方式的分别只占到 20% 和 10%,如图 6-21 所示。广告和信用卡入会渠道的效应需要加强。

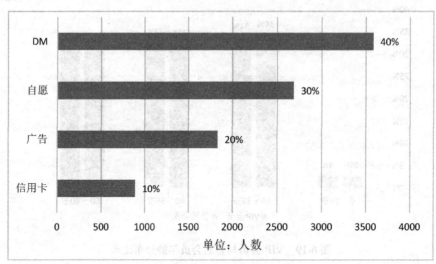

图 6-21 VIP 入会渠道

2. 会员客户群体消费价值分析

1) 会员客户群体消费价值——平均购买金额对比

VIP 会员平均购买金额为 2082.22 元,比普通会员平均购买金额多 19%,如图 6-22 所示。说明 VIP 会员的购买力大于普通会员的购买力,能够带来销售额的增加。

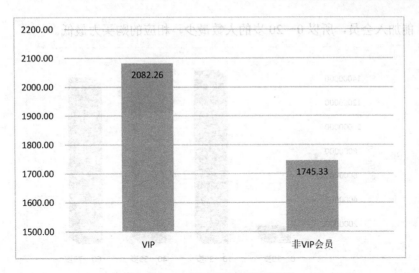

图 6-22 会员平均购买金额对比

2)会员客户群体消费价值——VIP 会员转换率

2014 年至 2016 年 VIP 会员转换率如图 6-23 所示,2015 年 VIP 会员转换率达到近 3 年最高。《2014 版 A 公司会员入会规则》中规定:普通会员消费积分达到 8000 分,则可以申请成为 VIP 会员,并享受所有商品 9.8 折的优惠。在 2015 年中,普通会员中有很大一部分消费积分已经达到了 8000 积分,所以转换率升为 65.72%。2016 年,迫于经营成本的压力,企划部制定了《2016 版 A 公司会员入会规则》,VIP 会员的申请资格提高为消费积分达到 16 000 分,所以在 2016 年,VIP 转换率下降到 50.06%。

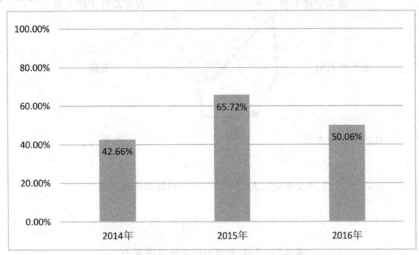

图 6-23 VIP 会员转换率

3)会员客户群体消费价值——VIP 会员不同年龄段购买力

VIP 会员不同年龄段购买力如图 6-24 所示,年龄段为 20~39 岁的 VIP 会员购买力最强,40~59 岁以及 60~79 岁的 VIP 会员购买力逐渐下降。按照会员入会规则,16 岁及以上才能加入会员,所以 0~20 岁的人数最少,相应的购买力最低。

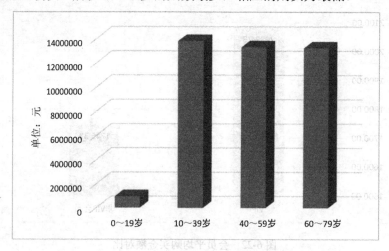

图 6-24　VIP 会员不同年龄段购买力

4)会员客户群体消费价值——VIP 会员不同职业购买力

VIP 会员中购买力前三的职业种类依次为服务工作人员、技术性人员、行政及主管人员,如图 6-25 所示。

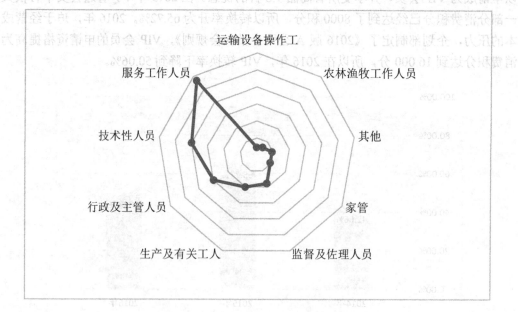

图 6-25　VIP 会员不同年龄段购买力

6.4.4 分析总结

由于 VIP 会员的折扣规则，在 2016 年公司迫于经营压力，已经放缓了 VIP 会员增长的速度，但是通过以上分析可以看到 VIP 会员的购买力度是大于普通会员的。今后在会员政策制定以及营销策划时，如何有效地增加会员进而更好地锁定消费群体，是需要特别关注的。根据此报告中会员群体的特征来制定相应的策略，有助于提高入会渠道的有效性以及会员的购买力。

6.5 案例：库存管理数据分析报告

A 公司 2016 年第一季度库存分析

目录（此处略）

6.5.1 分析背景与目的

由于零售业的特点，本公司需要保持快速响应市场的能力，做到合理的库存管理。科学合理的库存管理不仅可以降低公司的库存量，还可以降低公司的综合成本。

本报告综合分析公司第一季度库存情况数据，为供应部的采购工作及库存管理工作提供相关信息及决策依据。

6.5.2 分析思路

本报告是基于 2016 年第一季度由采购部提供的《2016 年第一季度库存明细变化表》，综合财务部提供的销售数据，对公司第一季度库存相关信息进行数据汇总，通过这些数据进行基础库存和库存结构分析。所用到的库存相关计算公式如下：

$$存货平均余额 = \frac{周期初余额 + 周期末余额}{2}$$

$$存货周转次数 = \frac{销售成本}{存货平均余额}$$

$$存货周转天数 = \frac{存货周期天数}{存货周转次数}$$

$$销占库比率（价值指标） = \frac{本月销售金额}{期末存货金额 + 本月销售金额} \times 100\%$$

$$库存系数 = \frac{本月销售金额}{期末存货金额}$$

6.5.3 库存分析

1. 基础库存分析

1）基础库存分析——库存平均余额

2016年第一季度总体库存平均余额为923.52万元,如图6-26所示,环比下降2.34%,同比下降4.23%。第一季度计划库存平均余额目标为1000万元,第一季度库存平均余额达到预期目标。

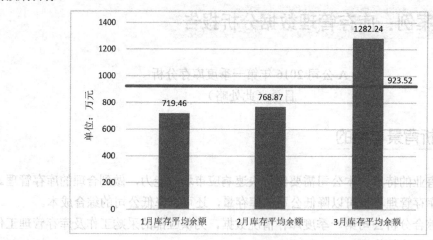

图6-26 2016年1～3月库存平均余额

2）基础库存分析——周转次数

2016年第一季度平均库存周转次数为3.27次,如图6-27所示。第一季度计划平均库存周转次数为3次,第一季度平均库存周转次数达到预期目标。

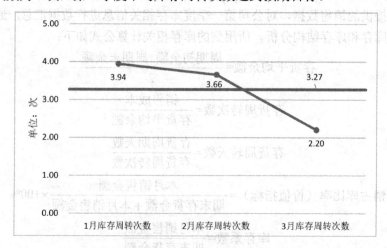

图6-27 2016年第一季度库存平均余额

3）基础库存分析——周转天数

2016 年第一季度平均库存周转天数为 10 天，如图 6-28 所示。第一季度计划平均库存周转天数为 10 天，第一季度平均库存周转天数达到预期目标。

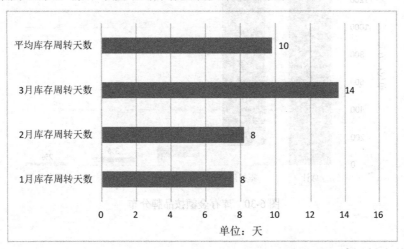

图 6-28　2016 年第一季度库存周转天数

2. 库存结构分析

1）库存结构分析——销售占库存量比

第一季度中单月销售占库存量比在不断下降，第一季度中单月库存系数均在安全库存系数范围 1.2～1.5 之间，如图 6-29 所示。

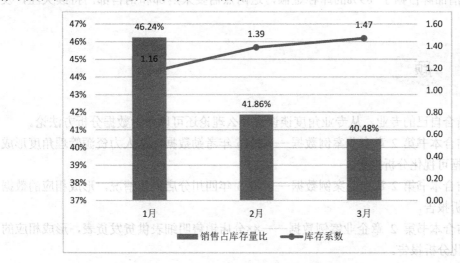

图 6-29　2016 年第一季度销售占库存量比

2）库存结构分析——库存金额按品牌分布

目前，露得清品牌占库存金额 89%，占据了最大比例的库存金额，强生婴儿品牌占据了最小的库存金额比例，如图 6-30 所示。

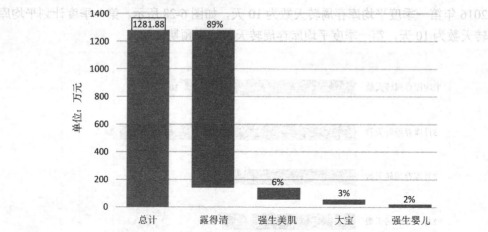

图 6-30　库存金额按品牌分布

6.5.4　分析总结

2016 年第一季度库存平均余额、平均库存周转次数、平均库存周转天数均达到第一季度预期目标，从单月指标来看，1 月以及 2 月均达到第一季度预期目标，但 3 月未达到第一季度预期目标。

虽然第一季度库存系数均在安全库存系数范围内，但是销售占库存量比在下降，并且露得清品牌占据了 89%的库存金额，这两点需要采购部和销售部门持续关注，及时改进。

1. 结合自己的专业，从专业角度谈谈有什么理论还可以作为数据分析方法论。
2. 结合本书第 2 章企业案例数据——2016 年考勤数据，从人力资源管理角度形成相应的数据可视化分析报告。
3. 结合本书第 2 章企业案例数据——2016 年四川分店销售情况，形成相应的数据可视化分析报告。
4. 结合本书第 2 章企业案例数据——××分店销售明细表供货发货表，形成相应的数据可视化分析报告。
5. 结合本书第 2 章企业案例数据——供货发货表,形成相应的数据可视化分析报告。

第 7 章 商业智能仪表板

BI（Business Intelligence）即商务智能，它是一套完整的解决方案，用来将企业中现有的数据进行有效的整合，快速准确地提供报表并提出决策依据，帮助企业做出明智的业务经营决策。在 BI 中一般都拥有实现数据可视化的模块，即商业智能仪表板。在本章，将介绍商业智能仪表板及其制作。

7.1 商业智能仪表板简介

商业智能仪表板是 Business Intelligence Dashboard 的简称，有时也叫作管理驾驶舱。它是一般商业智能都拥有的实现数据可视化的模块，是向企业展示度量信息和关键业务指标（KPI）现状的数据虚拟化工具。商业智能仪表板可以将复杂的数据分析进行可视化，一般将多种图表予以组合，如折线图、柱状图、组合图、温度计图、散点图等，是定制化的交互式界面，如图 7-1 所示。

近年来，商业智能仪表板已经成为标准商业智能工具的一部分，市场上有很多商业 BI 工具可以制作商业智能仪表板。兼具可视性和交互性的商业智能仪表板能够让公司管理层在极短的时间内获得相关业务信息。因此，在职场上，商业智能仪表板必将成为未来工作报告的一种趋势。在市场上，主要的商业智能仪表板的工具有：Oracle 公司出品的 BIEE、SAP 公司出品的 Crystal Dashboard、微软公司出品的 PowerBI、Tableau 软件公司的 Tableau。国内比较著名的有帆软公司出品的 FineBI。

这些商业工具一般为收费软件，并且有一些限制，而我们在日常办公所用到的 Excel 也可以实现商业智能仪表板的一般功能。

以下篇幅会介绍商业智能仪表板的制作，分别用 Excel 2016 以及专业 BI 工具 Tableau 来实现。

数据可视化分析（Excel 2016+Tableau）

图 7-1　商业智能仪表板——商品销售分析仪表板

7.2　商业智能仪表板设计要点

　　虽然智能仪表板是各种图表的组合，但是如果仅仅将各种图表堆放在一起，并没有起到商业智能仪表板的作用，这种堆放图表没有一定的业务逻辑，让最终的使用者无法迅速了解到相关业务数据。所以优秀的商业智能仪表板应该是有明确的制作目标，并且有一定的业务知识背景。在设计商业智能仪表板时，我们需要注意以下三个方面：

　　第一是制作目标。所谓制作目标，就是要确定需求，这个商业仪表板的最终使用者是谁？他需要了解什么？需要用什么业务指标来体现？

　　第二是图表展现方式。业务指标数据以什么形式来展现？这种展现方式必须非常直观。

　　第三是布局。在制作中整个商业智能仪表板中图表的布局是怎样的？如何布局美观并且合理？而且能够让使用者迅速找到关键信息？

　　根据以上三个方面，形成布局草图，如图 7-2 所示，再根据布局草图制作商业智能仪表板。

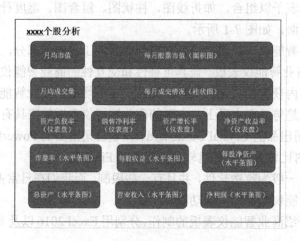

图 7-2　××××个股分析布局草图

7.3 利用 Excel 制作商业智能仪表板

首先根据制作目标来确定业务指标,并预先想好用什么图表形式来展现。例如,分管四川销售区的管理层需要快速了解 2016 年四川分店的销售相关的业务情况,根据财务提供的数据报表,可以得到四川分店销售金额、销售毛利、商品类别销售量、单品销量,并根据这些数据的特点,设计布局草图,如图 7-3 所示。

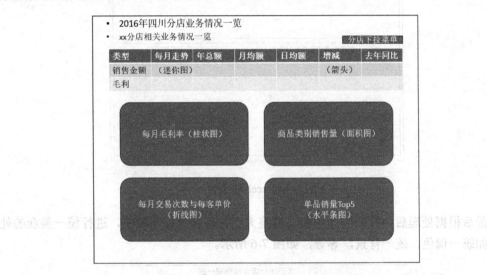

图 7-3　四川分店业务情况一览布局草图

然后就是根据目标处理原始数据。一般来讲,原始数据是直接从数据库提取或者从相关部门获取到的,并没有经过处理。所以需要对数据进行局部或者整体的处理后,才能进行图表制作。对于 Excel 来讲,这一步采用动态图表,所以在处理数据时需要利用 index 函数进行动态图表源数据定位。关于动态图表的制作方法请参考本书第 5 章。比如,针对刚才四川分店业务情况案例,最终得到数据表,此表可以根据用户选择的分店显示对应的信息,信息包含所有制作图表用到的数据,如每月的销售金额、毛利、毛利率、交易笔数、每客单价、单品销量 TOP5 等,如图 7-4 所示。

分店名称	类型	辅助列	1月	2月	3月	4月	5月	6月	7月	8月	9月	10月	11月	12月
锦江分店	销售金额	锦江分店销售金额	223152.25	223534.32	218582.68	219745.35	234764.37	231787.64	237432.75	236540.75	225887.85	221639.75	215497.63	221697.57
锦江分店	毛利	锦江分店毛利	61399.18	62433.14	58667.59	56408.63	69325.92	64599.22	66789.83	70370.87	60312.06	61748.83	64110.54	58683.35
锦江分店	毛利率	锦江分店毛利率	27.51%	27.93%	26.84%	25.67%	29.53%	27.87%	28.13%	29.75%	26.70%	27.86%	29.75%	26.47%
锦江分店	交易笔数	锦江分店交易笔数	6735	6258	7124	7036	6934	6826	7186	7369	6936	7136	7026	6915
锦江分店	每客单价	锦江分店每客单价	33.13	35.72	30.68	31.23	33.86	33.96	33.04	32.10	32.57	31.06	30.67	32.06

图 7-4　2016 年四川分店销售情况(部分)

接下来,需要在 Excel 中进行商业智能仪表板布局,布局主要通过调整 Excel 单元格的行高和列宽,并在需要的时候进行单元格合并完成,如图 7-5 所示。

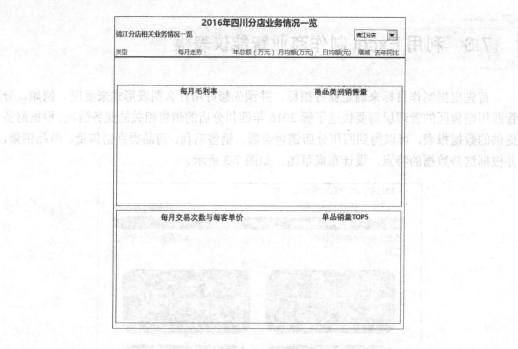

图 7-5　Excel 布局图示

最后根据处理后的数据制作图表，调整大小并整合到仪表板中，进行统一美观的处理，如统一调色、统一背景，等等，如图 7-6 所示。

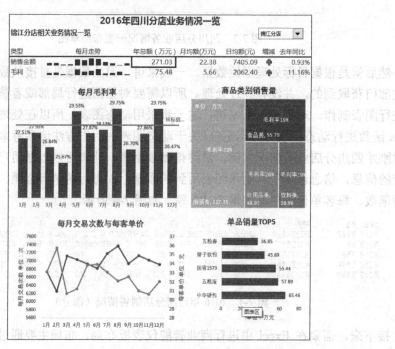

图 7-6　商业智能仪表板——四川分店业务情况一览

7.4 利用 Tableau 制作商业智能仪表板

7.4.1 Tableau 简介

Tableau 是美国 Tableau 软件公司出品的一款专业的商业智能软件,能够满足企业的数据分析需求。在使用上,方便快捷并且功能强大,利用 Tableau 简便的拖放式界面,可以自定义视图、布局、形状、颜色等,快速展现各种不同数据视角。

对比 Excel 来讲,Tableau 是专业化的商业智能工具,它的可视化更为突出,操作上较简便,并且可以连接各种类型的数据源,迅速进行海量数据处理。

Tableau 一共有 3 个版本,分别为 Tableau Desktop、Tableau Server、Tableau Online。Tableau Desktop 是 Tableau 商业智能套件当中的桌面端分析工具,即为数据分析及可视化展现的工具。Tableau Server 是 Tableau 的本地服务器,通过它可以展开协作并共享仪表板。Tableau Online 是 Tableau Server 的一种托管版本,无须安装即可共享仪表板。

制作仪表板需要使用的是 Tableau Desktop,它具有入门简单、上手快速的特点。本书使用的 Tableau Desktop 10.2 的工作界面及各个功能区如图 7-7 所示。

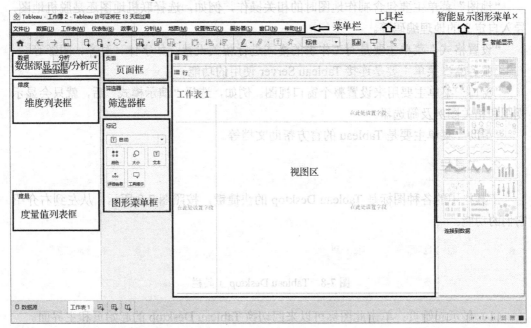

图 7-7 Tableau Desktop 的工作界面及各个功能区

Tableau Desktop 的工作界面各个功能区介绍如下。

1. 菜单栏

在菜单栏中主要有"文件"、"数据"、"工作表"、"仪表板"、"故事"、"分析"、"地图"、"设置格式"、"服务器"、"窗口"、"帮助"菜单。

"文件"菜单的主要功能是新建、保存、导出、导入文件等。

"数据"菜单的主要功能是管理数据源，比如替换数据源，重新编辑数据源数据的关系等。

"工作表"菜单的主要功能是对当前工作表进行相关操作，如复制、导出、清除、显示标题区、显示视图工具栏等。

"仪表板"菜单主要是对仪表板进行相关操作，如新建仪表板、设置仪表板的格式布局、导出仪表板图像等。

"故事"菜单是 Tableau 8.2 之后新增的功能，是一种演示工具，可以按照顺序排列视图或者仪表板。单击"故事"菜单下的"新建故事"，可以排列当前已有的视图或者仪表板。

"分析"菜单主要是对视图中的数据进行相关操作，例如，"百分比"可以指定某个字段计算百分数的范围，"合计"可以根据行或者列进行数据的汇总操作，"趋势线"可以为当前视图自动添加一条趋势线，"编辑计算字段"可以用公式来创建新的计算字段。

"地图"菜单主要包含制作地图时的相关操作，例如，选择联机地图还是脱机地图，导入自定义的地理编码等。

"设置格式"菜单主要是对工作表的格式进行相关设置，如字体、对齐、阴影等。

"服务器"菜单主要是连接 Tableau Server 使用的功能。

"窗口"菜单主要用来设置整个窗口视图。例如，选择"演示模式"后，就只会显示视图和相关图例及筛选器。

"帮助"菜单主要是 Tableau 的官方帮助文档等。

2. 工具栏

工具栏中的各种图标是 Tableau Desktop 的快捷键，按照图 7-8 所示，从左到右介绍它们的功能。

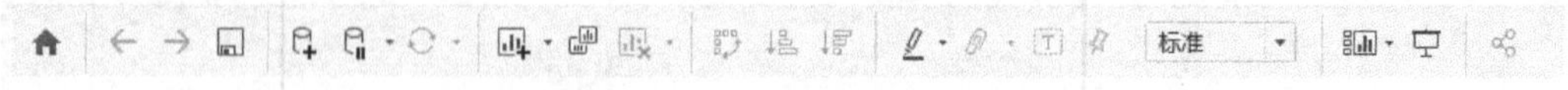

图 7-8 Tableau Desktop 工具栏

（1）显示起始页：单击此图标可以来回切换 Tableau Desktop 的起始页和主界面。

（2）撤销：撤销当前动作。

（3）重做：重做撤销的动作。

（4）保存：保存当前工作进度。

（5）新建数据源：连接新的数据源。

（6）暂停数据更新：当连接数据源选项选择实时连接时，可以停止更新数据。

（7）运行更新：可以更新数据源的数据。

（8）新建工作表：通过右侧小箭头，可以实现新建工作表、新建仪表板、新建故事。

（9）复制：复制当前的工作表、仪表板或者故事。

（10）清除工作表：清除当前工作表。

（11）交换行和列：交换视图区中数据的行和列。

（12）升序排列：将视图区中的数据按照升序排列。

（13）降序排列：将视图区中的数据按照降序排列。

（14）突出显示：将视图区中的字段突出显示。

（15）组成员：将视图区中的字段形成组。

（16）显示标记标签：显示或隐藏标记标签。

（17）固定：固定视图。

（18）视图模式菜单：单击下拉按钮，根据选项可以改变视图模式。共有 4 个模式：普通模式，适应宽度模式，适应高度模式，整个视图。

（19）显示/隐藏卡：对工作界面的各个功能区进行显示或者隐藏。

（20）演示模式：将视图区全屏显示，隐藏其他部分。

（21）与他人共享：通过 Tableau Server 或 Tableau Online 进行共享。

3. 数据源显示框/分析页签

数据源显示框显示所有已经连接的数据源。分析页签中有汇总和模型，可以辅助在视图中添加平均线、趋势线等。

4. 维度列表框/度量值列表框

根据数据源的数据集，自动划分维度列表和度量值列表。

5. 页面框

制作视图时，将某个数据字段拖放至此，就会出现播放菜单，通过播放菜单，可以动态地播放该字段数据随时间的变化。

6. 筛选器框

制作视图时，将某个数据字段拖放至此，就可将该字段作为筛选器来用。

7. 图形菜单框

"标记"下方的下拉菜单中可以选择各种图形，如条形图、饼图、甘特图等，选择的图形会作用于视图区。当把字段拖入"颜色"、"大小"这些框中时，该字段就会对应地用颜色或者大小来表示。

8. 视图区

该区域为展现视图的可视化区域，当把字段拖到该区域中的"列"或者"行"上面，就会制作相应的视图。

9. 智能显示图形菜单

在此菜单中列出了 24 种不同类型的图形，当我们在视图区制作视图时，Tableau 会自动选择一种最合适的图形来展示数据，如果需要改变自动选择的图形，就需要在此区域选择相应的图形。

7.4.2 利用 Tableau 制作销售分析仪表板

此部分以销售分析仪表板为例介绍 Tableau Desktop 如何制作商业智能仪表板，所用到的数据为公司的供货发货表，制作如图 7-9 所示的销售分析仪表板。

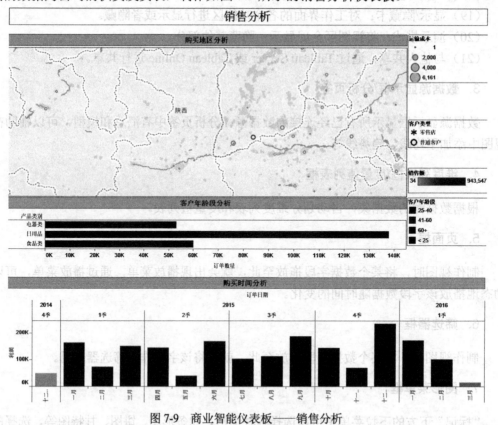

图 7-9 商业智能仪表板——销售分析

此仪表板由三张工作表视图构成，分别为购买地区分析视图、客户年龄段分析视图、购买时间分析视图。在 Tableau Desktop 中需要先单独制作这三张工作表视图，再将三张视图组合成仪表板。以下为该仪表板的制作步骤。

1. 连接数据源

第一步：打开 Tableau Desktop，在左侧选择连接到文件 Excel，在打开的文件选择对话框中选择"供货发货表.xls"，如图 7-10 所示。

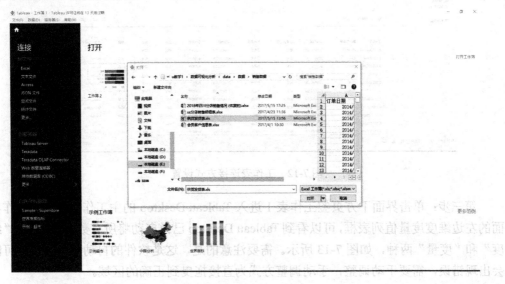

图 7-10　连接 Excel 数据源

第二步：选定连接的 Excel 文件后，界面左侧显示了当前连接的 Excel 中所有的工作表，如图 7-11 所示。将需要使用的工作表拖入工作区，并选择工作表连接方式为实时或者数据提取，如图 7-12 所示。实时连接的优势在于当数据源数据有更新时，在 Tableau Desktop 中也可以获得实时更新。

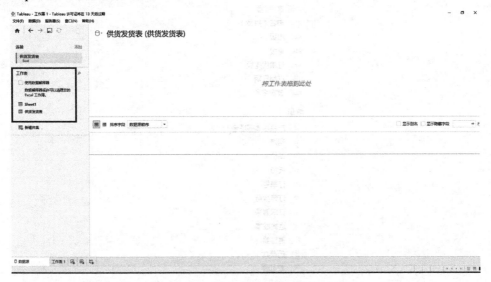

图 7-11　Excel 数据源设置

数据可视化分析（Excel 2016+Tableau）

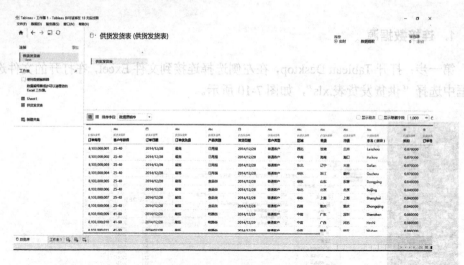

图 7-12 工作表连接方式设置

第三步：单击界面下方页签工作表 1 进入 Tableau Desktop 的主工作界面。在工作界面的左边维度度量值列表框中，可以看到 Tableau Desktop 已经自动将所有数据项划分为"维度"和"度量"两种，如图 7-13 所示。需要注意的是，这是软件的自动划分，有时可能会出现错误，需要手动调整，手动调整方式为直接拖曳到正确的区域。

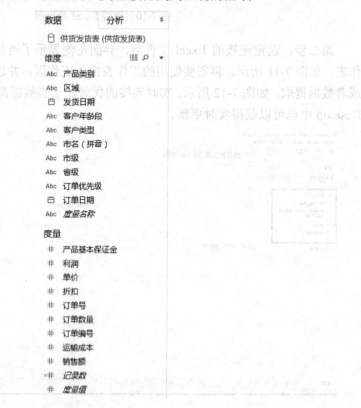

图 7-13 数据项区域

2. 购买地区分析视图制作

第一步：右键单击维度值中的"市名（拼音）"，将它的地理角色设置为"城市"。

第二步：将"市名（拼音）"拖曳到"标记"中。这时可以看到视图区中的列和行会自动生成经纬度，并且地图已经加载出来。若联机地图不能加载，请选择地图菜单中"背景地图"下的"脱机地图"。

第三步：将"销售额"拖入"标记"的"颜色"中，使不同区域的销售额的大小以颜色的深浅来表示。

第四步：将"运输成本"拖入"标记"的"大小"中，使不同区域的运输成本的多少以图形大小来表示。

第五步：在"标记"中，将下拉菜单"自动"改为"形状"，接下来将维度"客户类型"拖入"形状"框中，使不同的客户类型以不同形状来表示，如图 7-14 所示。

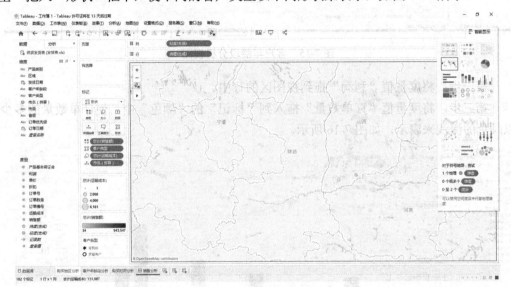

图 7-14 购买地区分析视图

3. 客户年龄段分析视图

第一步：将度量值"订单数量"拖到视图区的列中。

第二步：将维度"产品类别"拖到视图区的行中。

第三步：将维度"客户年龄段"拖到"标记"的"颜色"中，使不同的客户年龄段以不同颜色展示，如图 7-15 所示。

4. 购买时间分析视图

第一步：将维度"订单日期"拖到视图区的列中。在 Tableau Desktop 中时间类型的值可以进行下钻操作。

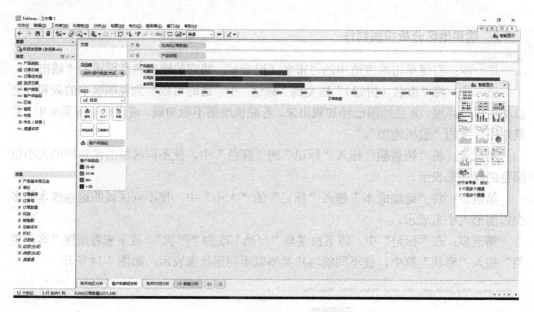

图 7-15 客户年龄段分析视图

第二步:将度量值"利润"拖到视图区的行中。

第三步:将度量值"订单数量"拖入到"标记"的"颜色"中,使订单数量的多少以颜色的深浅来表示,如图 7-16 所示。

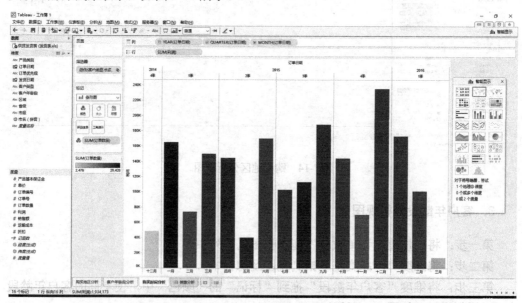

图 7-16 购买时间分析视图

5. 合并工作表、生成仪表板

第一步:新建仪表板,在仪表板左侧对象框中将三个工作表拖放在仪表板中,设置工作表为浮动后,可以根据需要调整每张工作表的位置和大小。

第二步:设置格式,通过菜单栏中的"设置格式"使仪表板和各个视图统一背景颜色和边框样式等。

第三步:为了让仪表板具有动态效果,这里将购买地区分析视图设置为筛选器。单击购买地区分析视图右上角的下拉菜单按钮,选择"用作筛选器"。

当单击购买地图分析视图中的某个地区时,相应的客户年龄段分析视图和购买时间分析视图会动态改变为这个地区对应的数据,如图 7-17 所示。

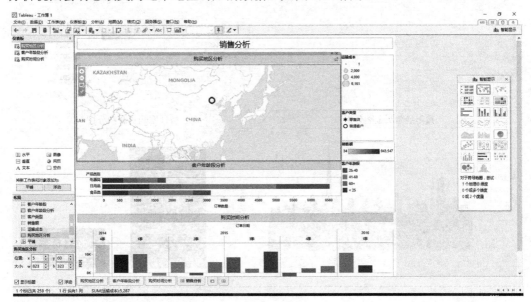

图 7-17 销售分析仪表板

7.4.3 利用 Tableau 制作会员分析仪表板

此部分以会员分析仪表板为例介绍 Tableau Desktop 如何制作商业智能仪表板,所用到的数据为会员客户信息表,制作如图 7-18 所示的会员分析仪表板。

此仪表板由 4 张工作表视图构成,分别为会员区域分布分析视图、入会管道分析视图、按年龄购买金额分析视图、按性别购买金额分析视图。在 Tableau Desktop 中需要先单独制作这 4 张工作表视图,再将 4 张视图组合成仪表板。以下为该仪表板的制作步骤。

1. 连接数据源

第一步:打开 Tableau Desktop,在左侧选择连接到文件 Excel,在打开的文件选择对话框中选择"会员客户信息表.xls"。

第二步:选定连接的 Excel 文件后,将会员客户信息工作表拖入工作区,并选择工作表连接方式为实时。

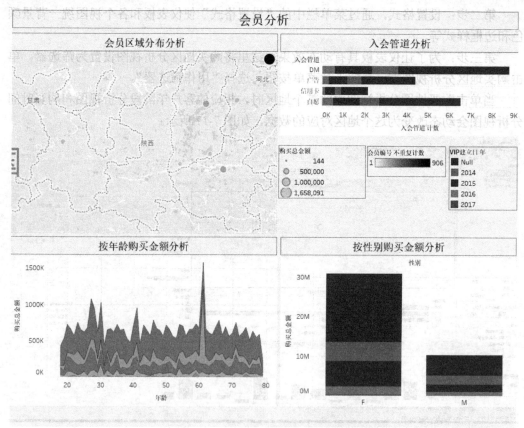

图 7-18　商业智能仪表板——会员分析

第三步：单击界面下方页签工作表 1 进入 Tableau Desktop 的主工作界面。在工作界面的左边维度度量值列表框，可以看到 Tableau Desktop 已经自动将所有数据项划分为维度和度量两种。但是"婚姻状态"被错误地划分为度量值，需要将"婚姻状态"拖曳到维度区域，如图 7-19 所示。

2. 会员区域分布分析视图制作

第一步：右键单击维度值中的"城市（拼音）"，将它的地理角色设置为"城市"。

第二步：将"城市（拼音）"拖到"标记"中。这时可以看到视图区中的列和行会自动生成经纬度，并且地图已经加载出来。若联机地图不能加载，请选择地图菜单中"背景地图"下的"脱机地图"。

第三步：将"会员编号（计数（不同））"拖入"标记"的"颜色"中，使不同区域的会员数量以颜色的深浅来表示。

第四步：将"购买总金额"拖入"标记"的"大小"中，使不同区域的购买金额数量以图形大小来表示，如图 7-20 所示。

第7章 商业智能仪表板

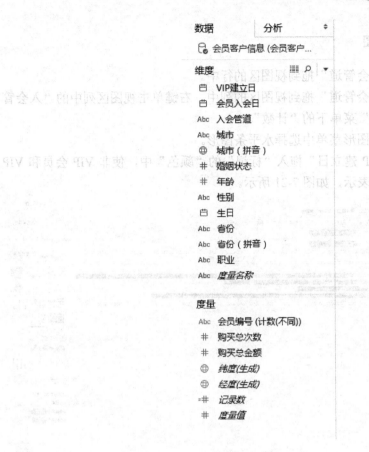

图 7-19 数据项区域

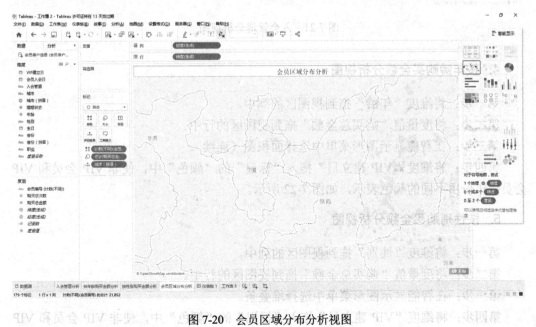

图 7-20 会员区域分布分析视图

3. 入会管道分析视图

第一步：将维度"入会管道"拖到视图区的行中。

第二步：将维度"入会管道"拖到视图区的列中，右键单击视图区列中的"入会管道"，选择"度量（计数）"菜单下的"计数"。

第三步：在智能显示图形菜单中选择水平条图形。

第四步：将维度"VIP 建立日"拖入"标记"的"颜色"中，使非 VIP 会员和 VIP 会员按年份用不同的颜色表示，如图 7-21 所示。

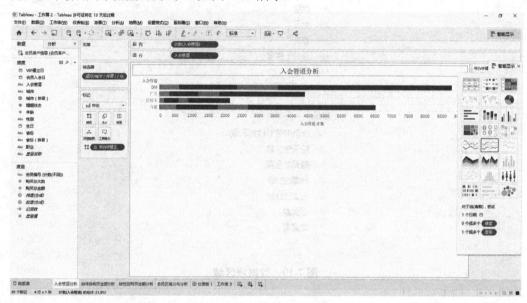

图 7-21　入会管道分析视图

4. 按年龄购买金额分析视图

第一步：将维度"年龄"拖到视图区的列中。

第二步：将度量值"购买总金额"拖到视图区的行中。

第三步：在智能显示图形菜单中选择面积图（连续）。

第四步：将维度"VIP 建立日"拖入"标记"的"颜色"中，使非 VIP 会员和 VIP 会员按年份用不同的颜色表示，如图 7-22 所示。

5. 按性别购买金额分析视图

第一步：将维度"性别"拖到视图区的列中。

第二步：将度量值"购买总金额"拖到视图区的行中。

第三步：在智能显示图形菜单中选择堆叠条。

第四步：将维度"VIP 建立日"拖入"标记"的"颜色"中，使非 VIP 会员和 VIP

会员按年份用不同的颜色表示,如图 7-23 所示。

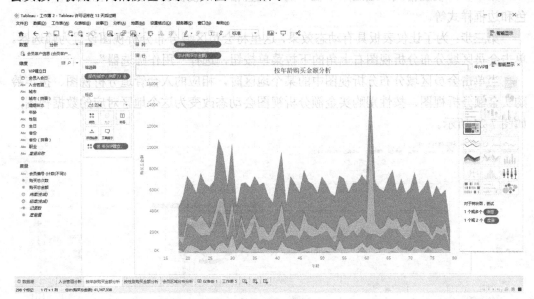

图 7-22 按年龄购买金额分析视图

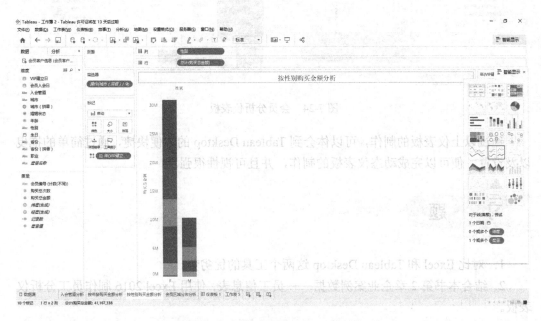

图 7-23 按性别购买金额分析视图

6. 合并工作表、生成仪表板

第一步:新建仪表板,在仪表板左侧对象框中将 4 个工作表拖放在仪表板中,设置工作表为浮动后,可以根据需要调整每张工作表的位置和大小。

第二步：设置格式，通过菜单栏中的"设置格式"使仪表板和各个视图统一背景颜色和边框样式等。

第三步：为了让仪表板具有动态效果，这里将会员区域分布分析视图设置为筛选器。单击会员区域分布分析视图右上角的下拉菜单按钮，选择"用作筛选器"。

当单击会员区域分布分析视图中的某个地区时，相应的入会管道分析视图、按年龄购买金额分析视图、按性别购买金额分析视图会动态改变为这个地区对应的数据视图，如图 7-24 所示。

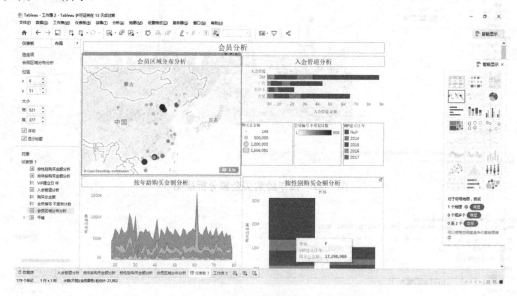

图 7-24　会员分析仪表板

通过以上仪表板的制作，可以体会到 Tableau Desktop 的方便快捷，通过简单的拖曳以及设置，便可以完成动态仪表板的制作，并且可视性很强。

1．对比 Excel 和 Tableau Desktop 这两个工具的优劣势。

2．结合本书第 2 章企业案例数据——员工信息表，使用 Excel 2016 制作员工分析仪表板。

3．结合本书第 2 章企业案例数据——2016 年 1～3 月××社区店洗护商品库存变动明细表，使用 Excel 2016 制作库存分析仪表板。

4．结合本书第 2 章企业案例数据——××分店销售明细表，使用 Tableau Desktop 制作销售分析仪表板。

5．结合本书第 2 章企业案例数据——2016 年四川分店销售情况，使用 Tableau Desktop 制作 2016 年四川分店销售分析仪表板。

参考文献

[1] 张文霖，刘夏璐，狄松编. 谁说菜鸟不会数据分析（入门篇）（纪念版）. 北京：电子工业出版社，2016.

[2] 沈浩. 触手可及的大数据分析工具——Tableau 案例集. 北京：电子工业出版社，2015.

[3] 张杰. Excel 数据之美：科学图表与商业图表的绘制. 北京：电子工业出版社，2016.

反侵权盗版声明

电子工业出版社依法对本作品享有专有出版权。任何未经权利人书面许可，复制、销售或通过信息网络传播本作品的行为，歪曲、篡改、剽窃本作品的行为，均违反《中华人民共和国著作权法》，其行为人应承担相应的民事责任和行政责任，构成犯罪的，将被依法追究刑事责任。

为了维护市场秩序，保护权利人的合法权益，我社将依法查处和打击侵权盗版的单位和个人。欢迎社会各界人士积极举报侵权盗版行为，本社将奖励举报有功人员，并保证举报人的信息不被泄露。

举报电话：（010）88254396；（010）88258888
传　　真：（010）88254397
E-mail：　dbqq@phei.com.cn
通信地址：北京市海淀区万寿路173信箱
　　　　　电子工业出版社总编办公室
邮　　编：100036